ISSN 0021-1915

15. JAHRGANG · SEITEN 297 332 · BERLIN OKTOBER 1979

IPRAX 15 15 (10) 297–332 (1979) 32036

10

isotopenpraxis

EVP 9,– M

AKADEMIE-VERLAG

An unsere Autoren

Die Zeitschrift veröffentlicht Beiträge zu folgenden Themen: Kontrolle und Analyse radioaktiver und stabiler Isotope, Anwendung radioaktiver und stabiler Isotope in allen Gebieten der Forschung und Technik, der Industrie, Landwirtschaft und Medizin, Herstellung radioaktiver und stabiler Isotope sowie von markierten Verbindungen, kernelektronische Geräte für die Isotopenanwendung (Dickenmesser, Dichtemesser u. ä.) Detektoren für isotopentechnische Arbeiten und den Strahlenschutz in Isotopenlaboratorien, Meßtechnik und Strahlenschutz, Dosimetrie in Isotopenlaboratorien, kerntechnische Geräte für die Isotopenanwendung (Betron, Bestrahlungsanlagen u. ä.), Strahlenchemie, Radiochemie, ökonomische und perspektivische Fragen, Fragen der Weiterbildung.

1. Aufnahme von Manuskripten

Zur Veröffentlichung angenommen werden nur druckreife, noch nicht anderweitig publizierte Beiträge in deutscher, englischer oder russischer Sprache zum Themenbereich der Zeitschrift und zwar

Originalarbeiten
Kurze Originalmitteilungen
Aus der Praxis
Zusammenfassende Berichte
Tagungsberichte
Informationen.

Sind der Beitrag oder Teile daraus bereits veröffentlicht oder ist eine anderweitige Veröffentlichung vorgesehen, so muß dies der Redaktion mit genauer Angabe der Zweitveröffentlichung mitgeteilt werden. Mit der Annahme des Manuskriptes behält sich der Verlag das Recht der Vervielfältigung, Verbreitung und Übersetzung innerhalb der gesetzlichen Schutzfrist vor. Auszugsweiser Nachdruck oder photomechanische u. a. Wiedergabe sind an eine schriftliche Genehmigung des Verlages gebunden. Manuskripte, Zeichnungen und Photos von veröffentlichten Arbeiten werden nur auf den besonderen und bis zum Zeitpunkt der Veröffentlichung mitgeteilten Wunsch des Autors zurückgesandt.
Bei der unverlangten Einreichung von Manuskripten wird empfohlen, eine Befürwortung eines der Herausgeber oder Redaktionsausschußmitglieder beizufügen.
Manuskripte sind einzureichen bei der Redaktion, 108 Berlin, Leipziger Str. 3–4

2. Form der Manuskript

Die Autoren werden gebeten:
2 Manuskripte, eines davon in Original-Maschinenschrift, einseitig und mit 2zeiligem Abstand einzureichen; gut leserliche Photokopien sind zulässig; auf dem 1. Blatt (unter Weglassung der Bezeichnung)
den Titel der Arbeit
Vorname-Initialen und Namen sämtlicher Autoren
gegebenenfalls die Institution, in der sie tätig sind
eine kurze Zusammenfassung der Arbeit von höchstens 15 Zeilen
Keywords in alphabetischer Reihenfolge und
als Fußnote die Anschrift der Institution anzugeben;
wenn möglich auf gesonderten Blättern, Namen Titel der Arbeit und Zusammenfassung in den beiden anderen obengenannten Sprachen 2fach beizufügen;
Literaturhinweise (fortlaufend numeriert), Fußnoten, Tabellen, Abbildungen (in etwa 2facher Veröffentlichungsgröße), Abbildungsunterschriften (getrennt von den Abbildungen, mit Zeichenerklärungen, Quellenangaben, falls erforderlich, und gegebenenfalls mit einem Vermerk für besondere Wünsche bezüglich der Abbildungsgröße), private und Dienstanschrift der Verfasser mit akademischen Titeln und ausgeschriebenen Vornamen auf besonderen Blättern am Ende des Manuskriptes zu stellen;

Wünsche für den Kolumnentitel (Seitenüberschrift) bekanntzugeben;
Absätze durch Einzüge von mindestens 3 Anschlägen kenntlich zu machen;
die Maßeinheiten des SI-Systems ("Systéme International") zu verwenden;
Korrekturen im Manuskript unmittelbar an der zu korrigierenden Stelle anzubringen;
Formeln deutlich lesbar und möglichst groß einzutragen;
Farbabbildungen und nachträgliche Änderungen oder Ergänzungen in Abbildungen zu vermeiden;
hervorzuhebende Textstellen zu unterstreichen, und zwar halbfetten Satz mit einer geraden schwarzen Linie, kursiven Satz (Schrägschrift) mit einer blauen Wellenlinie (alle Eigennamen), Sperrungen gestrichelt;
besondere Buchstaben durch farbige Unterstreichung zu kennzeichnen, und zwar Formelzeichen in

Griechisch-Kursiv (α, β, ...) rot,
Kursiv (A, B, ...) blau
halbfetter Kursiv ($\boldsymbol{A}$, $\boldsymbol{B}$, ...) 2 Linien blau (Vektoren),
halbfetter Grotesk (**A**, **B**, ...) 2 Linien violett (Tensoren);

bei Literaturangaben auf Vollständigkeit zu achten. In nachstehender Reihenfolge müssen angegeben sein:

a) bei *Zeitschriften*: Vorname-Initialen und Namen sämtlicher Autoren, Titel der Zeitschrift (nach „Periodica Chimica" oder möglichst wenig gekürzt), Bandnummer (unterstrichen), Jahreszahl (in Klammern), Heftnummer (nur bei Zeitschriften, die jedes Heft mit S. 1 beginnen) sowie die Seitenzahl, auf der die zitierte Arbeit beginnt.

b) bei *Büchern*: Initialen der Vornamen und Name des Autors (Herausgeber werden durch den Zusatz „ed." gekennzeichnet), voll ausgeschriebener Titel des Buches in der Originalsprache, evtl. Bandnummer, voll ausgeschriebener Name des Verlages, Nummer der Auflage (außer der ersten), Erscheinungsort(e), Erscheinungsjahr (hier nicht in Klammern setzen!) und evtl. Kapitelnummer, Seitenzahl u. ä.

c) bei *Sammelbänden, Tagungsberichten*: Es soll zusätzlich der Titel des zitierten Beitrags angegeben werden. Die Seitenzahl muß unbedingt angegeben werden. Aus dem Zitat muß hervorgehen, ob es sich um einen Tagungssammelband oder um einen noch nicht veröffentlichten Vortrag handelt. Zwischen Tagungsort und Erscheinungsort des entsprechenden Tagungsberichts ist zu unterscheiden.

3. Korrekturen

Der Autor erhält zwei Umbruchabzüge, von denen einer möglichst schnell korrigiert an die Redaktion zurückgereicht werden soll. Auf Wunsch des Autors kann die Korrektur auch von der Redaktion gelesen werden.
Durch nachträgliche Manuskriptänderungen verursachte Korrekturkosten gehen, sofern sie 10% der Satzkosten übersteigen zu Lasten des Autors.
Der Autor erhält 50 Sonderdrucke kostenlos. Weitere Sonderdrucke können bis zur Rückgabe der Korrekturabzüge auf Kosten des Autors bei der Redaktion bestellt werden.

Bezugsmöglichkeiten

Bestellungen sind zu richten

- **in der DDR** an das Postzeitungsvertrieb; an eine Buchhandlung oder an den AKADEMIE-VERLAG, DDR-108 Berlin, Leipziger Str. 3–4
- **im sozialistischen Ausland** an eine Buchhandlung für fremdsprachige Literatur oder an den zuständigen Postzeitungsvertrieb
- **in der BRD und Westberlin** an eine Buchhandlung oder an die Auslieferungsstelle KUNST UND WISSEN, Erich Bieber, 7 Stuttgart 1, Wilhelmstr. 4–6
- **in Österreich** an den Globus-Buchvertrieb, 1201 Wien, Höchstädtplatz 3
- **in den übrigen westeuropäischen Ländern** an eine Buchhandlung oder an die Auslieferungsstelle KUNST UND WISSEN, Erich Bieber GmbH, Ch-8008 Zürich/Schweiz, Dufourstraße 51
- **im übrigen Ausland** an den Internationalen Buch- und Zeitschriftenhandel; den Buchexport, Volkseigener Außenhandelsbetrieb der Deutschen Demokratischen Republik, DDR-701 Leipzig, Postfach 160, oder an den AKADEMIE- VERLAG, DDR-108 Berlin, Leipziger Str. 3–4.

Zeitschrift „Isotopenpraxis"

Herausgeber: Im Auftrag des Akademie-Verlages herausgegeben von Prof. Dr. Justus Mühlenpfordt und Prof. Dr. Carl Friedrich Weiss

Verlag: Akademie-Verlag, DDR-108 Berlin, Leipziger Straße 3–4; Fernruf 223 6221 oder 2236229; Telex-Nr. 114420;

Bank: Staatsbank der DDR, Berlin, Kto.-Nr.: 6836-26-20712

Chefredakteur: Dr. Klaus Uhlig, Berlin

Anschrift der Redaktion (Fernruf: 6351177) der Zeitschrift Isotopenpraxis: Akademie-Verlag, DDR-108 Berlin, Leipziger Str. 3–4

Veröffentlicht unter der Lizenznummer 1527 des Presseamtes beim Vorsitzenden des Ministerrates der Deutschen Demokratischen Republik

Gesamtherstellung: VEB Druckerei „Thomas Müntzer", DDR-582 Bad Langensalza

Erscheinungsweise: Die Zeitschrift „Isotopenpraxis" erscheint monatlich. Die 12 Hefte eines Jahrganges bilden einen Band. Bezugspreis je Band 144,– M zuzüglich Versandspesen (Preis für die DDR 108,– M), Preis je Heft 12,– (Preis für die DDR 9,– M)

Bestellnummer dieses Heftes: 1079/15/10

AN (EDV) 12831

ISOTOPENPRAXIS ISSN 0021-1915

Band 15 (1979) Heft 10, S. 297—332

Redaktion und Verlag: Akademie-Verlag, Redaktion Isotopenpraxis, 108 Berlin, Leipziger Straße 3—4

Inhaltsverzeichnis

(Fortsetzung des Inhaltsverzeichnisses auf der Rückseite des 2. gelben Blattes)

ISOTOPENPRAXIS

Band 15 (1979) Heft 10, S. 297–332

Redaktion und Verlag: Akademie-Verlag, Redaktion Isotopenpraxis, 108 Berlin, Leipziger Straße 3–4

Contents

Articles

The source-to-detector geometry coefficient g of radioactive sources depends upon the position of the source to the radiation exposed area of the detector as well as upon the geometrical shape of the source itself. The calculation of g-factors of radioactive point sources, straight lines, circular discs and cylinders was performed in a most coherent way and transferred into computer programs (BESM 6-Algol). The results of different programs based on independent mathematical methods were consistent with each other or in comparison with experimental values. The accuracy of the calculation may be chosen according to the necessities.

The development of radioactive products in Hungary is discussed with special emphasis on sealed sources and radiopharmaceuticals. In case of the latter the increasing role of radioimmunoassay is stressed, and the main trends in research and development are dealt with.

Investigations on mass-spectrometric isotopic analysis through stable nuclides using high-frequency spark discharge ion sources are reported. The analyzing technique is remarkable by the high degree of accuracy and reproducibility of the results with average standard deviations amounting to 5 to 10% in the ppm range. Utilization of electric ion detection techniques as well as ion current amplification by means of secondary ion multipliers yielded essential reduction of analyzing time when compared to isotope dilution analysis with photographic ion current registration.

The utilization of ^{18}labelled potassium phosphate $KH_2P^{18}O_4$ instead of radiophosphorus ^{32}P, Labelled phosphate in biochemical and ecological studies concerning fertilizer phosphorus assimilation by plants is presented.

Содержание

Статьи

В связи с измерением, выполняемым с помощью зонда для измерения ядерного излучения, геометрический фактор закрытых или открытых источников радиоактивного излучения зависит от расположения источника излучения по отношению к облучаемой эффективной площади детектора, а также от геометрии самого источника излучения. Что касается точечных излучателей, размещенных в различных положениях, а также прямых, круглых плоскостей и цилиндров, то было предпринято по возможности единым способом определить геометрические факторы применительно к плоским круглым поверхностям детектора с осуществлением вычислений на основании составленных для БЭСМ-6 программ. Результаты вычислений друг другу не противоречат. Они по возможности были подвергнуты контролю путем применения независимых друг от друга способов или сопоставления экспериментальных данных. Исходя из имеющихся требований можно свободно выбирать степень точности расчетов.

Рассматривается вопрос разработки радиоактивных изделий в Венгрии, при чем особое внимание уделяется закрытым источникам и радиоактивным фармацевтическим изделиям. В связи с последними подчеркивается растущее значение радиоиммуноанализа. Одновременно обсуждаются основные тенденции в отношении исследовательских работ и разработок.

Докладывается об исследованиях по масс-спектрометрическому изотопному анализу с стабильными нуклидами с использованием высокочастотных искроразрядных ионных источников. Данный метод анализа отличается высокой точностью и воспроизводимостью результатов со средними стандартными отклонениями от 5 до 10% в диапазоне ppm. Применение электрического метода обнаружения ионов, а также усиления ионного потока с помощью вторичных ионных умножителей позволило существенно сократить время анализа по сравнению с анализом методом изотопного разбавления с использованием способа фотографической регистрации ионного потока.

Описывается процесс использования в биохимических и экологических исследованиях по ассимиляции растениями фосфорного удобрения меченого ^{18}O фосфата калия $KH_2P^{18}O_4$ вместе радиоактивного

Zur Berechnung von Geometriefaktoren bei der Kernstrahlungsmessung

U. Prösch, M. Luthardt, L. Kolditz

(Humboldt-Universität Berlin, Sektion Chemie, Berlin)[1]

Der Geometriefaktor von radioaktiven umschlossenen oder offenen Strahlenquellen hängt bei der Messung mittels einer Kernstrahlungsmeßsonde von der räumlichen Anordnung der Strahlenquelle zu der strahlenexponierten wirksamen Fläche des Detektors und von der Geometrie der Strahlenquelle selbst ab. Für punktförmige Strahler in verschiedenen Positionen, Geraden, Kreisflächen und Zylinder wurde in möglichst einheitlicher Vorgehensweise die Berechnung der Geometriefaktoren bezüglich kreisförmiger ebener Detektionsflächen vorgenommen und rechentechnisch in Form von BESM 6-Algolprogrammen realisiert. Die Berechnungsergebnisse sind untereinander konsistent und wurden möglichst durch unabhängige Verfahren oder experimentelle Werte kontrolliert. Die Rechengenauigkeit kann gemäß den vorliegenden Anforderungen frei gewählt werden.

(E41) INIS DESCRIPTORS:

accuracy; ALGOL; computer calculations; configuration; integral educations; mathematical models; Monte Carlo method; point sources; radiation detection; radiation detectors; sealed sources; shape; unsealed sources

Einleitung und Problemstellung

Bei der Messung von radioaktiven Strahlenquellen durch Meßsonden, die keine 2π- oder 4π-Geometrie besitzen, ist der Geometriefaktor eine wesentliche Größe zur Optimierung einer Meßanordnung bzw. zur Berechnung absoluter Aktivitäten. Für die Beziehung zwischen einer vorgegebenen Aktivität A_0 eines radioaktiven Präparates und dem meßtechnisch erfaßten Anteil A_m gilt:

$$A_m = g \cdot \eta \cdot f \cdot A_0 \tag{1}$$

Es wird die Separierbarkeit der Größen η und g vorausgesetzt. Der Gültigkeitsbereich dieser Annahme, insbesondere bezüglich der inneren Effektivität η des Detektors, wird im Rahmen der Arbeit nicht untersucht. Ebenso werden die Selbstabsorption in der Probe, Rückstreueffekte und Strahlungsabsorption zwischen Probe und Detektor (hier zusammengefaßt in f) in ihrer Beziehung zum Geometriefaktor nicht erörtert.

Der Geometriefaktor g als unmittelbarer Ausdruck der räumlichen Verhältnisse zwischen dem Punkt P eines Präparates und einer Meßsonde ist dann durch das Verhältnis des Raumwinkels Ω der Sonde bezüglich dieses Punktes zum vollen Raumwinkel 4π gegeben:

$$g = \frac{\Omega}{4\pi} \tag{2}$$

Der Raumwinkel eines Detektors berechnet sich allgemein zu:

$$\Omega = \int_S \frac{\mathfrak{c} \cdot \mathfrak{r}}{|\mathfrak{r}|^3} \, \mathrm{d}F \tag{3}$$

Die Integration ist über die von P aus sichtbare Oberfläche S des Detektors zu erstrecken. $\mathfrak{r}$ ist der von P nach $\mathrm{d}F$ orientierte Ortsvektor und $\mathfrak{c}$ der Einheitsnormalenvektor von $\mathrm{d}F$. Für eine räumlich ausgedehnte Strahlenquelle des Volumens V ist der Geometriefaktor der mittlere Wert der Geometriefaktoren aller Volumenelemente $\mathrm{d}K$:

$$g = \frac{1}{4 \cdot \pi \cdot V} \int_V \int_S \frac{\mathfrak{c} \cdot \mathfrak{r}}{|\mathfrak{r}|^3} \, \mathrm{d}F \, \mathrm{d}K \tag{4}$$

Im allgemeinsten Fall ist somit der Geometriefaktor eines radioaktiven Präparates durch ein fünffaches bestimmtes Integral gegeben. Unter bestimmten Symmetrieverhältnissen und bei Präparaten, die durch geometrische Ansätze niedrigerer Dimension beschrieben werden können, vereinfacht sich die konkrete Berechnung. So nimmt der rechentechnische Aufwand für die Präparattypen: liegender Zylinder, Kreisfläche, linearer Strahler, punktförmige Quelle rasch ab.

Es existieren jedoch selbst für punktförmige Strahlenquellen nur drei Sonderfälle, die geschlossen integrierbar sind. Der erste Fall betrifft einen punktförmigen Strahler, der eine Position auf der z-Achse unter einer kreisförmigen Detektionsfläche einnimmt. Hier gilt:

$$g = 0{,}5 \cdot \left(1 - \frac{1}{w}\right) \tag{5}$$

$$w = \sqrt{1 + \beta} \tag{6}$$

$$\beta = \frac{R^2}{z^2} \tag{7}$$

Der zweite Fall betrifft einen punktförmigen Strahler in beliebiger Position unter einer rechteckigen Detektionsfläche. Hierfür ist die grundlegende Ableitung des Raumwinkels von *Tallqvist* [1] gegeben worden, und von *Norling* [2] existiert eine explizite Formel unter einschränkenden Bedingungen für die Beschreibung der Geometrieverhältnisse bei *Geiger-Müller*-Zählrohren mit seitlichem Fenster:

$$\begin{aligned} g = \frac{1}{\pi} \operatorname{arctg} \frac{R_s \cdot L_s}{2 \cdot \sqrt{(z^2 - R_s^2) \cdot (b^2 - R_s^2)}} \\ + \frac{R_s^2 \cdot L_s}{b^3} \Bigg[\arccos \frac{R_s}{z} - \frac{R_s}{z} \left(1 - \left(\frac{R_s}{z}\right)^2\right)^{1/2} \\ \times \left(1 - \frac{3}{2} \cdot \left(\frac{R_z}{b}\right)^2\right) + \frac{z \cdot R_s}{b^2} \left(1 - \left(\frac{R_s}{d}\right)^2\right)^{3/2} \Bigg] \end{aligned} \tag{8}$$

Dabei sind R_s und L_s der Sondenradius bzw. die Sondenlänge und

$$b^2 = (L_s/2)^2 + z^2 \tag{9}$$

---

[1]) Anschrift: 104 Berlin, Hessische Str. 1 – 2

z wird hier von der Sondenmitte zur Strahlenquelle gerechnet. Der dritte Fall betrifft Punkte in beliebiger Position gegenüber einem kugelförmigen Detektor. Hier gilt Gl. (5).

Bereits der Ansatz für einen exzentrisch unter einer kreisförmigen Detektionsfläche angeordneten punktförmigen Strahler stellt ein elliptisches Integral dar. Die ersten Berechnungen von Raumwinkeln, die diesen Fall einschließen, gehen auf *de la Hire* [3] zurück. *Tallqvist* [4] berechnete unter Zurückführung auf ein elliptisches Standardintegral umfangreiche Tabellen für die Raumwinkel von Kreisscheiben. Später wurden für das gleiche Problem Näherungslösungen erarbeitet, die auf einer Reihenentwicklung des Integranden und Integration der Summanden basieren [5–8]. *Steinberg* [9] gab für den Geometriefaktor eines exzentrischen Punktes folgende Reihenentwicklung für $\varrho/D \leqq 1$ an (Def. von ϱ s. Abb. 1):

$$D = \sqrt{R^2 + z^2} \tag{10}$$

$$g = 0{,}5 \cdot \left(1 - \frac{1}{w}\right) + \frac{1}{2} \cdot \frac{z}{D} \sum_{n=1}^{\infty} \frac{(-1)^n (2n+1)!}{2^{4n}(n!)^2} \times \left(\frac{\varrho}{D}\right)^{2n} \cdot \sum_{k=0}^{n} m_k \tag{11}$$

$$m_k = \frac{(-1)^{k+1} \cdot (4n - 2k)!}{(2n-k)!\,(2n-2k+1)!} \left(\frac{z}{D}\right)^{2(n-k)} \tag{12}$$

Einen abweichenden Lösungsweg benutzten *Gardner* und *Verghese* [10], indem sie die Kreisfläche der Sonde durch ein Polygon ersetzten, für welches wiederum eine geschlossene Integration möglich ist. Mit einem 20seitigen Polygon wurden Genauigkeiten von 1% erzielt, mit einem 36seitigen Polygon konnten selbst für ungünstige Verhältnisse von z/ϱ und R/ϱ 0,1% Genauigkeit erreicht werden.

Sind die Raumwinkelverhältnisse für exzentrische Punkte bekannt, so können durch weitere Integration die Geometriefaktoren für Kreisflächenpräparate gewonnen werden, wenn die Fläche parallel und mittelpunktsymmetrisch zur Detektionsfläche angeordnet ist. Entsprechende Werte von *Cook* und *Duncan* [11] liegen in graphischer Darstellung vor, wobei von den Raumwinkeldaten *Tallqvists* ausgegangen wurde.

Blachman (zitiert von *Burtt* [7]) gibt für die Berechnung des Geometriefaktors einer parallelen Kreisscheibe eine Reihenentwicklung. Sie liefert nur in einem begrenzten Parameterbereich richtige Werte. Eine allgemein gültige Ableitung unter ähnlichen Voraussetzungen und Benutzung *Legendre*scher Polynome geben *Petrshak* und *Bak* [12]:

Für $c \leqq R$ ist:

$$g = 0{,}5 \cdot \left[\left(1 - \frac{1}{w}\right) - \frac{3}{8} \cdot \frac{\beta \cdot \gamma}{w^5} - \frac{\beta \cdot \gamma^2}{64}\left(\frac{15}{w^7} - \frac{35}{w^9}\right) - \frac{\beta \cdot \gamma^3}{1024} \cdot \left(\frac{175}{w^9} - \frac{1050}{w^{11}} + \frac{1155}{w^{13}}\right) \dots\right] \tag{13}$$

$$\gamma = \frac{c^2}{z^2} \tag{14}$$

Für $c \geqq R$ ist:

$$v = \sqrt{1 + \gamma} \tag{15}$$

$$g = 0{,}5 \cdot \frac{R^2}{c^2} \cdot \left[\left(1 - \frac{1}{v}\right) - \frac{3}{8} \cdot \frac{\beta \cdot \gamma}{v^5} - \frac{\beta^2 \cdot \gamma}{64}\left(\frac{15}{v^7} - \frac{35}{v^9}\right) - \frac{\beta^3 \gamma}{1024}\left(\frac{175}{v^9} - \frac{1050}{v^{11}} + \frac{1155}{v^{13}}\right) \dots\right] \tag{16}$$

In ähnlicher Weise kamen *Zumwalt* [5]; *Garrett* [6]; *Jaffey* [8]; *Masket* [13] und *Berne* [14] zu Näherungslösungen für Kreisflächenpräparate. *Gardner* und *Verghese* [10] integrierten ihre Raumwinkeldaten numerisch nach der *Simpson*methode und gelangten so zu Geometriefaktoren der Kreisfläche. Mit ihrer Methode der Polygonnäherung bearbeiteten sie außerdem die Fragestellung, wie groß der Geometriefaktor ist, wenn ein exzentrischer Punkt nicht einer Detektionsfläche, sondern einem vollständig freistehenden zylindrischen Detektor gegenübersteht [15].

Die Berechnung des Geometriefaktors einer strahlenden Kreisfläche bezüglich kreisförmiger Detektionsflächen wurde 1966 erneut von *Williams* [16] vorgenommen, wobei als Lösungsvariante die Monte-Carlo-Methode eingesetzt wurde. Hierbei wurde die Strahlungsemission von den Punkten des Präparates hinsichtlich ihrer Richtungsverteilung und Auftreffanteile simuliert. Für 1% Genauigkeit unter Einhaltung der Bedingung $c < R$ wurden 3 Minuten Rechenzeit benötigt. Eine Erweiterung des Verfahrens (Einbeziehung von Kreisflächen senkrecht zur Detektorebene und liegender Zylinder) unter gleichzeitiger Erhöhung der Rechengeschwindigkeit erzielten *Bonnet*, *Hillion* und *Nurdin* [17].

Die Kombination einer mehrfachen numerischen Integration mit der Monte-Carlo-Methode verwandte *Nakamura* [18], um in neutronenaktivierten Kreisscheiben endlicher Dicke unter einer Szintillationsmeßsonde Selbstabsorptions- und Streueffekte innerhalb der Strahlenquelle berücksichtigen zu können.

Auch von *Wielopolski* [19] wurde das Monte-Carlo-Verfahren angewandt. Er untersuchte zunächst die Raumwinkelverhältnisse für Punkte in beliebier Lage zu einem freistehenden Detektor (Berücksichtigung von Zylinderkreisfläche und Zylindermantel als Treffbereich) und errechnete dann die Geometriefaktoren für Kreisflächenpräparate, stehende und liegende Zylinder unter dem Detektor.

Angesichts der beiden Hauptlinien der Entwicklung zur Berechnung von Geometriefaktoren (Reihenentwicklung, Monte-Carlo-Methode) wies *Ruffle* [20] 1967 nochmals darauf hin, daß für Kreisflächenpräparate wie für exzentrische Punkte im Ansatz elliptische Integrale auftreten, für deren Werte Tabellen und Rechenprozeduren vorliegen, bei deren Benutzung und Bewältigung verbleibender algebraischer Rechnungen die Geometriefaktoren unmittelbar gewonnen werden können.

Überblickt man die vorliegenden Literaturangaben, so erweist es sich, daß durch die praktische Aufgabenstellung der Radiometrie oder das gewählte mathematische Lösungsverfahren spezielle Lösungen erzielt werden, die für den jeweiligen Einzelfall sehr gute Resultate liefern, jedoch zu einer Überführung auf andere Problemstellungen und einem unmittelbaren Bezug untereinander wenig zugänglich sind.

Wir bemühten uns daher um einen Lösungsweg, der für die Berechnung der Geometriefaktoren verschiedener Präparate einen allgemeinen Grundtyp des Integranden verwendet, welcher eine möglichst einfache algebraische Struktur besitzt und dann unmittelbar einer mehrfachen numerischen Integration unterzogen wird.

Zu diesem Zwecke benutzten wir zur Beschreibung der Geometrieverhältnisse unterschiedliche Koordinatensysteme nebeneinander, wobei jeweils ein Koordinatensystem der Symmetrie des Strahlers angepaßt wurde. Dadurch entfallen Koordinatentransformationen bei der Integration über das Strahlervolumen, und die Struktur des Integranden kompliziert sich nicht wesentlich. Es resultieren Ansätze, die zur rechentechnischen Lösung geführt und untereinander verglichen werden konnten.

Mathematische Ansätze

a) *Allgemeine Voraussetzungen*

Zur Lagebeschreibung im allgemeinen Fall benutzen wir das in Abb. 1 dargestellte Koordinatensystem: x, y, z sind die cartesischen Hauptkoordinaten, die Sondenfläche S liegt in der x-y-

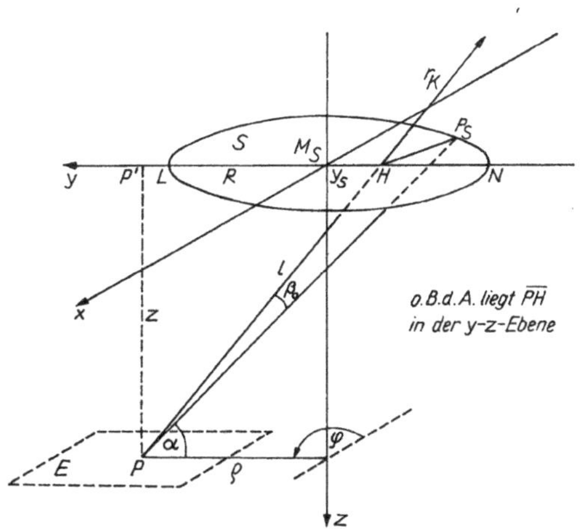

Abb. 1. Koordinatensysteme und geometrische Beziehungen zur Berechnung von Geometriefaktoren für Punkte P einer Strahlenquelle gegenüber einer Sondenfläche S

Ebene. Auf Grund der Rotationssymmetrie des Problems zur z-Achse reichen zur Lageangabe die beiden Zylinderkoordinaten ϱ und z aus (φ wäre die dritte Zylinderkoordinate). Es wird nun zunächst ein Punkt $P(0, \varrho, z)$ betrachtet. Er ist der Mittelpunkt einer Kugel, deren Radius r_K lediglich der Bedingung genügen muß, daß die Sondenfläche S vollständig in der Kugel enthalten ist. Der Geometriefaktor ist dann gegeben durch das Verhältnis der Teilfläche F der Kugeloberfläche, welche durch die Zentralprojektion von S aus P entsteht, zur Gesamtoberfläche K. Bei dieser Betrachtung wird in Gleichung (3) erhalten:

$$\frac{\mathfrak{c} \cdot \mathfrak{r}}{|\mathfrak{r}|^3} = \frac{1}{r_K^2} \tag{17}$$

Die Berechnung der Projektionsfläche kann in einfacher Weise mit modifizierten Kugelkoordinaten r_K, α und β erfolgen. Sei P_S ein Punkt der Sondenfläche, so ergibt sich ein Dreieck PHP_S mit dem rechten Winkel P_SHP und dem Winkel $HPP_S = \beta$. (Ist P_S ein Punkt des Sondenumfanges, so sei der zugehörige Winkel β_0). Die Ebene, welche das Dreieck P_SHP enthält, schneidet die Ebene E, welche parallel zur x-y-Ebene liegt und den Punkt P enthält, unter dem Winkel α.

Ein Flächenelement der Oberfläche von K ist gegeben durch:

$$\mathrm{d}F = r_K^2 \cdot \cos\beta \, \mathrm{d}\beta \, \mathrm{d}\alpha \tag{18}$$

Zur Berechnung der Projektionsfläche von S sind die Integrationsgrenzen α_1 und α_2 diejenigen Winkel, welche die Strecken $\overline{L(0, R, 0)\,P}$ bzw. $\overline{N(0, -R, 0)\,P}$ mit der Ebene E bilden. Die Integrationsgrenzen von β sind jeweils 0 bis $\beta_0(\alpha)$. Somit gilt beim Einsetzen von (17) und (18) in (3):

$$\Omega = 2 \left| \int_{\alpha_1}^{\alpha_2} \int_0^{\beta_0} \cos\beta \, \mathrm{d}\beta \, \mathrm{d}\alpha \right| = 2 \int_{\alpha_1}^{\alpha_2} \sin\,[\beta_0(\alpha)] \, \mathrm{d}\alpha \tag{19}$$

Mit (2) folgt:

$$g = \frac{1}{2\pi} \int_{\alpha_1}^{\alpha_2} \sin\,[\beta_0(\alpha)] \, \mathrm{d}\alpha \tag{20}$$

Die Berechnung des Integranden erfolgt über das Dreieck PHP_S:

$$\sin\beta_0 = \frac{b}{\sqrt{b^2 + l^2}} = \frac{1}{\sqrt{1 + \frac{l^2}{b^2}}} \tag{21}$$

b entspricht Strecke $\overline{HP_S}$.

Aus dem Dreieck $PP'H$ entnimmt man:

$$\sin\alpha = \frac{z}{l} \tag{22}$$

und

$$\cot\alpha = \frac{\varrho - y_S}{z} \tag{23}$$

Für einen Randpunkt der Sondenfläche gilt:

$$b^2 = R^2 - y_S^2 \tag{24}$$

Durch Einsetzen von (23) und (24) in (21) wird der Integrand erhalten:

$$\sin\beta_0 = \frac{1}{\sqrt{1 + \frac{z^2}{\sin^2\alpha[R^2 - (\varrho - z \cdot \cot\alpha)^2]}}} \tag{25}$$

b) *Die Geometriefaktoren punktförmiger Strahlenquellen*

Für einen Punkt $P(0, \varrho, z)$ ist der Geometriefaktor berechenbar durch einfache Integration von (20) mit dem Integrandenausdruck (25). Werden die Integrationsgrenzen über die Beziehungen

$$\alpha_1 = \frac{\pi}{2} - \operatorname{arctg}\left(\frac{\varrho - R}{z}\right) \tag{26}$$

$$\alpha_2 = \frac{\pi}{2} - \operatorname{arctg}\left(\frac{\varrho + R}{z}\right) \tag{27}$$

bestimmt, so ist die Integration vom Verhältnis R/ϱ unabhängig. Eine Fallunterscheidung $R \geqq \varrho$ und $R \leqq \varrho$ erübrigt sich. Auch für $R = \varrho$ und $z = 0$ wird (20) nicht singulär. Bei der numerischen Integration müssen jedoch die Fälle beachtet werden, bei denen der Nenner innerhalb des Wurzelausdruckes von (25) den Wert 0 annimmt. Es ist hier $\sin\beta_0 = 0$.

Nimmt man die Einschränkung $z \neq 0$ in Kauf, so läßt sich der Integrand so umformen, daß die Integrationsgrenzen von z und ϱ unabhängig sind. Statt über α wird über y_S integriert. Aus

$$\alpha = \operatorname{arctg}\frac{z}{\varrho - y_S} \tag{28}$$

ergibt sich:

$$\mathrm{d}\alpha = -\frac{z}{z^2 + (\varrho - y_S)^2} \cdot \mathrm{d}y_S \tag{29}$$

Das resultierende Integral:

$$g_P = \frac{1}{2\pi} \int_{-R}^{+R} \frac{z \cdot \mathrm{d}y_S}{[z^2 + (\varrho - y_S)^2]\sqrt{1 + \frac{z^2 + (\varrho - y_S)^2}{R^2 - y_S^2}}} \tag{30}$$

ist zwar analytisch etwas komplizierter, jedoch kann es mit Vorteil benutzt werden, wenn z oder ϱ sehr groß gegenüber R sind, da dann $\alpha_1 \approx \alpha_2$.

c) *Strahlende Gerade*

Die lineare Strahlenquelle, z. B. ein extrem dünner radioaktiver Draht, liegt parallel zur Sondenfläche und schneidet die z-Achse. Stellt man die Gerade durch den Linienparameter ϱ (statt eines konstanten Betrages im vorigen Fall) dar, so ist:

$$g_G = \frac{1}{2\pi(\varrho_1 - \varrho_2)} \int_{\varrho_1}^{\varrho_2} \int_{\alpha_1(\varrho)}^{\alpha_2(\varrho)} \sin\left[\beta_0(\alpha)\right] d\alpha\, d\varrho \tag{31}$$

Auch hier ist eine einfache Umformung des Integrals eventuell nützlich:

$$g_G = \frac{1}{2\pi(\varrho_1 - \varrho_2)} \int_{\varrho_1}^{\varrho_2} \int_{-R}^{+R} \frac{z \cdot dy_S \cdot d\varrho}{[z^2 + (\varrho - y_S)^2] \sqrt{1 + \frac{z^2 + (\varrho - y_S)^2}{R^2 - y_S^2}}} \tag{32}$$

d) Strahlende Kreisfläche

Das in vernachlässigbar dünner Schicht auf einer Kreisfläche homogen verteilte radioaktive Material befinde sich in einer parallelen Ebene unter der Detektorsonde. Der Kreisflächenmittelpunkt sei $M_P(0, 0, z_0)$. Der Kreisflächenradius sei c. In diesem Fall kann die Integration am günstigsten unter Verwendung der Polarkoordinaten ϱ und φ (s. Abb. 1) durchgeführt werden:

$$g_F = \frac{1}{2 \cdot \pi^2 \cdot c^2} \int_0^{2\pi} \int_0^{c} \int_{\alpha_1}^{\alpha_2} \sin\left[\beta_0(\alpha)\right] d\alpha \cdot \varrho \cdot d\varrho \cdot d\varphi \tag{33}$$

Wegen der Symmetrieverhältnisse ist der Integrand von φ unabhängig, sodaß sich die Vereinfachung ergibt:

$$g_F = \frac{1}{\pi \cdot c^2} \int_0^{c} \int_{\alpha_1}^{\alpha_2} \sin\left[\beta_0(\alpha)\right] d\alpha \cdot \varrho \cdot d\varrho \tag{34}$$

e) Strahlende Kugel

Formal reiht sich dieses Problem hier ein. Sei das kugelförmige strahlende Präparat zentral unter der Sonde angeordnet mit dem Kugelmittelpunkt $M_K(0, 0, z_0)$, so ist die Integration am günstigsten durchzuführen mit Zylinderkoordinaten ϱ, z, φ, gemäß dem Ansatz:

$$g_K = \frac{3}{8 \cdot \pi^2 \cdot c^3} \int_0^{2\pi} \int_{z_0 - c}^{z_0 + c} \int_0^{d} \int_{\alpha_1}^{\alpha_2} \sin\left[\beta_0(\alpha)\right] d\alpha \cdot \varrho \cdot d\varrho \cdot dz \cdot d\varphi \tag{35}$$

Hierbei ist:

$$d = \sqrt{c^2 - (z - z_0)^2} \tag{36}$$

und c der Kugelradius. Es ist auch hier der Integrand von φ unabhängig, so daß sich die Vereinfachung

$$g_K = \frac{3}{4 \cdot \pi \cdot c^3} \int_{z_0 - c}^{z_0 + c} \int_0^{d} \int_{\alpha_1}^{\alpha_2} \sin\left[\beta_0(\alpha)\right] d\alpha \cdot \varrho \cdot d\varrho \cdot dz \tag{37}$$

ergibt.

f) Strahlender Zylinder

Das radioaktive Präparat sei mit der Zylinderlängsachse parallel zur Sondenfläche angeordnet. Der Zylindermittelpunkt sei $M_Z(0, 0, z_0)$. Zur Integration werden gemäß Abb. 2 die Zylinderkoordinaten γ, s, y verwendet. Demgemäß ist der Abstand z des allgemeinen Integranden (25) bestimmt durch:

$$z = z_0 - s \cdot \cos\gamma \tag{38}$$

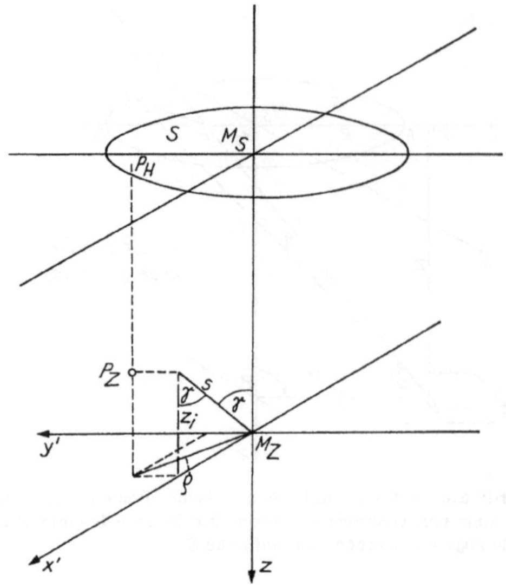

Abb. 2. Koordinatensysteme und geometrische Beziehungen zur Berechnung von Geometriefaktoren für Punkte P_z einer zylindrischen Strahlenquelle gegenüber einer Sondenfläche S

und die Größe ϱ des Integranden ist zu substituieren durch den Ausdruck:

$$\varrho = \sqrt{s^2 \cdot \sin^2\gamma + y^2} \tag{39}$$

Für einen Zylinder der Länge l mit den Hauptachsenendpunkten y_1 und y_2 und dem Zylinderradius c gilt demzufolge:

$$g_Z = \frac{1}{2 \cdot \pi^2 \cdot c^2 \cdot |y_1 - y_2|} \cdot \int_{y_1}^{y_2} \int_0^{2\pi} \int_0^{c} \int_{\alpha_1(\gamma,s,y)}^{\alpha_2(\gamma,s,y)} \sin\left[\beta_0(\alpha)\right] d\alpha \cdot s \cdot ds \cdot d\gamma \cdot dy \tag{40}$$

Rechentechnische Durchführung

Zur Berechnung der Geometriefaktoren wurden Algol-Programme entwickelt und auf einer BESM6-Anlage realisiert.

Abgesehen von der Behandlung punktförmiger strahlender Objekte wird hierzu eine Merhfachintegration notwendig. Die BESM6-Algolversion läßt die selbständige Compilation und externe Benutzung von Prozeduren zu. Durch fortlaufende Schachtelung externer und interner Prozeduren kann damit recht günstig die Mehrfachintegration ausgeführt werden. Zu diesem Zwecke wurde eine Prozedur zur numerischen Integration nach der Simpson-Methode mit relativer Genauigkeitsschranke ep unter Folgenamen (sip1, sip2 . . .) mehrfach extern bereitgestellt.

Aufrufe und gegebenenfalls notwendige Zwischenberechnungen von Grenzenparametern erfolgten durch die internen Prozeduren bos1, bos2 . . .; wobei die jeweils letzte dieser Prozeduren in ihrem Prozedurrumpf die Ermittlung des Integrandenwertes beinhaltete. In den internen Prozeduren bos konnten globale Variablen des Hauptprogrammes verwendet werden.

Für den Fall des strahlenden Zylinders ist die Abfolge der Schritte im Flußdiagramm der Abb. 3 dargestellt. Nach der Eingabe der notwendigen Eingangsdaten wird die Integrationsprozedur aufgerufen. Für die Werte zwischen der unteren und oberen Grenze des äußersten Integrals wird das erste Internunterprogramm bos1 aufgerufen, das seinerseits eine zweite Integration mittels sip2 zwischen bestimmten Grenzen (hier:

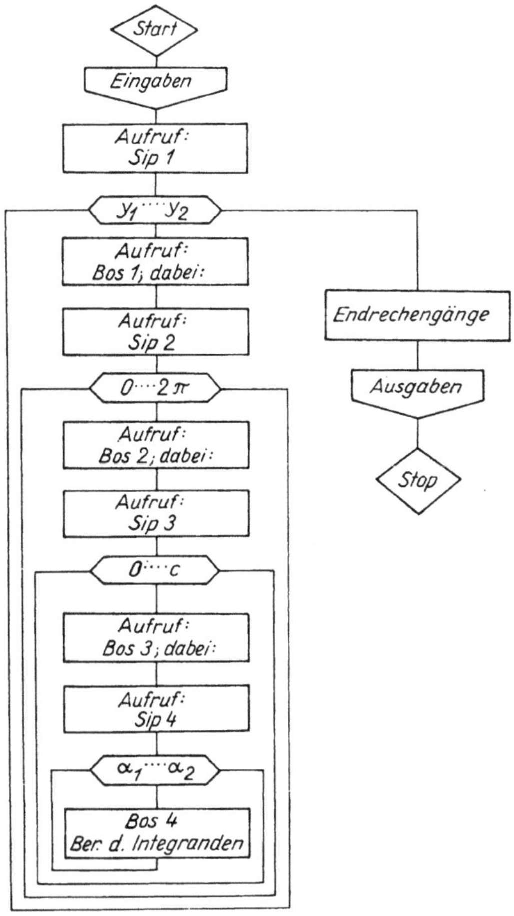

Abb. 3. Programmablaufplan bei der Berechnung von Geometriefaktoren zylindrischer Strahlenquellen

$0-2\pi$) auslöst. Dieser Vorgang wiederholt sich bis zur Integrandenstufe und vollzieht sich in der angegebenen Schachtelung bis zum Vorliegen des Endwertes des mehrfachen Integrals.

Der Geometriefaktor entsteht dann durch Berücksichtigung des jeweiligen Quotienten vor dem Integral. Genauigkeitsanforderungen von 1% (durch ep1—ep4) erweisen sich für alle Stufen als ausreichend. Das Verfahren liefert auch bei 0,1% Genauigkeitsanforderung vertretbare Rechenzeiten.

Die Berechnung des Geometriefaktors für flächenförmige und linienförmige Strahlenquellen gestaltet sich in völlig analoger Weise, wobei jeweils weniger Integrationen am gleichbleibenden Integranden vollzogen werden. Dieser Gleichheit des internen Rechenablaufes entspricht auch ein jeweils ganz ähnlicher Eingabevorgang, der in Abb. 4 als Datenflußplan für das Beispiel des Zylinders dargestellt ist.

Um eine breite Variationsmöglichkeit der Programmnutzung zu haben, wird die Eingabe bezüglich Art und Reihenfolge der Daten durch einen Verteiler *s* gesteuert. Die drei Hauptparameter Sondenradius *R*, Präparatabstand *z* und Präparatdurchmesser *c* (in ihrer jeweiligen Bedeutung gemäß dem o. a. mathematischen Abschnitt) werden für die Anlage von Tabellen mit einem kleinsten Wert (Ru,zu,cu), einem Maximalwert (Ro,zo,co) und der gewünschten Schrittweite zwischen ihnen (Rst,zst,cst) eingegeben. Die Längenbegrenzungen y_1 und y_2 des Zylinders oder der strahlenden Geraden werden gesondert eingegeben, ebenso die Genauigkeitsgrenzwerte der Integrationsschritte. Auch die Auslögung des Rechenablaufes und der normalen Programmbeendigung erfolgen durch Aufruf einer bestimmten Verteilernummer.

Zur Veranschaulichung der rechentechnischen Lösung sei eine Programmversion zur Berechnung des Geometriefaktors einer strahlenden Geraden in symmetrischer Lage angegeben:

```
'code': exit; 'algol': 'real'sip1, sip2; geo50:
'begin''integer'nr; 'real' d,du,dst,do,ep1,ep2,g,gro1,gro2,gru1,
gru2,l,lu,lst,lo,r,xh,z,zu,zst,zo; 'switch's := m1,m2,m3,m4,m5,
m6;
'real''procedure'bos1(x); 'value'x; 'real'x; 'begin'xh := x;
'if'z = 0'then'bos1 := 0'else''begin'
gru1 := 1.570796 — arctan ((abs(x) + R)/z);
gro1 := 1.570796 — arctan ((abs(x) — R)/z);
bos1 := sip1(gru1,gro1,ep1,bos2)'end''end';
'real''procedure'bos2(al); 'value'al; 'real'al; 'begin''real'
hia, hib, hic;
hib := sin(1.570796 + al)/cos(1.570796 + al); hia := sin(al)
* sin(al);
hic := hia * (r * r — (z * hib + abs(xh)) ** 2); 'if'hic = 0
'then''begin'bos2 := 0; 'goto'faus' end'; hic := 1 + (z * z/hic);
'if'hic < 0'then''begin'hic := abs(hic)'end';
bos2 := 1/sqrt(hic); faus: 'end';
'comment' hauptprogrammanweisungen beginnen;
```

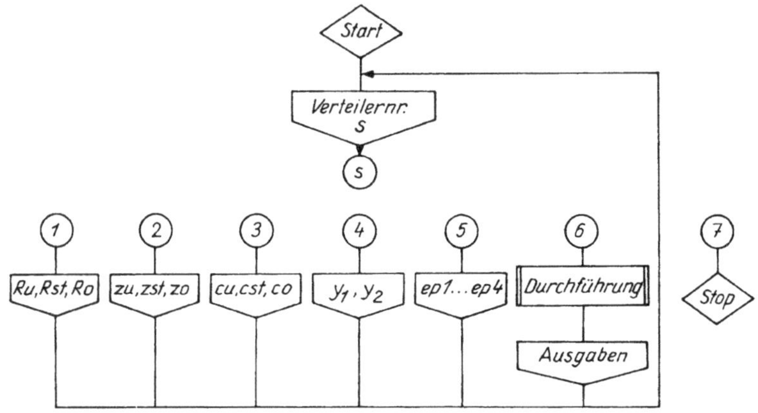

Abb. 4. Datenflußplan für ein Programm zur Berechnung der Geometriefaktoren zylindrischer Strahlenquellen

R — Sondenradius (Untergrenze, Zuwachs, Obergrenze); *z* — Sondenabstand (Untergrenze, Zuwachs, Obergrenze); *c* — Zylinderradius (Untergrenze, Zuwachs, Obergrenze); *y* — Begrenzungswerte der Zylinderlänge; *ep* — relative Genauigkeitsgrenzen der Integration

```
print(''d  l  z  g'',newline);
rm: read(nr); 'goto's(/nr/);
m1: read(lu,lst,lo); 'comment' geradenlaenge; 'goto'rm;
m2: read(du,dst,do); 'comment' Sondendurchmesser!; 'goto'rm;
m3: read(zu,zst,zo); 'comment' Abstand; 'goto'rm;
m4: read(ep1,ep2); 'comment' Genauigkeitsgrenzen; 'goto'rm
m5: 'for'd := du'step'dst'until'do'do'
      'for'l := lu'step'lst'until'lo'do'
      'for'z := zu'step'zst'until'zo'do'
'begin' gru2 := -1/2; gro2 := 1/2; r := d/2;
g := sip2(gru2,gro2,ep2,bosl); g := g/(6.283194 * l);
'if'g = 0'then'g := 0.5;
'print'''(4E11.3)''d,l,z,g'end';
'goto'rm;
m6: exit; 'end''eop'
```

Ergebnisse und Diskussion

Für die verschiedenen Präparateformen wurden Einzelprogramme aufgestellt und getestet. Tab. 1 gibt eine Übersicht über die wichtigsten Programme.

Tab. 1. Übersicht über Programme zur Berechnung von Geometriefaktoren

Math. Gl.	Name	Präparattyp	Mathematische Grundlage
(13)	geo1	Kreisfläche	Reihenentwicklung nach *Petrshak*
(32)	geo2	Gerade	Integration über den Sonnenradius
(20)	geo3	Exzentrischer Punkt	Integration über α
(30)	geo4	Exzentrischer Punkt	Integration über den Sondenradius
(31)	geo5	Gerade	Integration über α
(41)	geo6	Exzentrischer Punkt	Monte-Carlo-Methode mit normalverteilten Zufallszahlen (−1 ... +1)
	geo7	Gerade	Monte-Carlo-Methode f. Punkte mit anschl. Polynomausgleich und gliedweiser Integration
(41)	geo9	Exzentrischer Punkt	Wie geo6 mit verbesserter Programmstruktur
(34)	geo10	Kreisfläche	Integration über den Sondenradius
(40)	geo11	Zylinder	Integration über α
(37)	geo12	Kugel	Integration über α

Bei der Erprobung der Leistungsfähigkeit der Programme wurde besonderer Wert darauf gelegt, durch Vergleiche verschiedener Programme untereinander oder durch Annäherung an gemeinsame Grenzwerte die Übereinstimmung der Resultate darzutun und die Kompatibilität des erarbeiteten Gesamtsystems nachzuweisen.

Als Genauigkeitsgrenze wurde 1% vorgegeben. Bei Vergleichen mit der Monte-Carlo-Methode konnte dieser Wert für letztere Programme nicht in allen Fällen gesichert werden.

a) *Die Geometriefaktoren exzentrischer Punkte*

Die Integrationsmethode des Programmes geo4 wurde zur Berechnung von Geometriefaktoren für $R = 1.9$, 2.0, 2.1; $\varrho = 0, 1, 2$ und $z = 0, 1, 2 \ldots 10$ benutzt. Für die gleichen Parameter wurden Geometriefaktoren nach geo3 berechnet. In einer Rechenzeit von etwa 30 s ergaben beide Verfahren übereinstimmende Werte. Für $\varrho = 0$ sollten die Werte dem einfachen Ansatz für zentrale Punkte (Gl. 5) entsprechen, die auch aus geo1 für $c = 0$ zugänglich sind. Wie Tab. 2 zeigt, liegen die Werte nach dem Programm geo4 um 0,3% unter den Bezugswerten.

Tab. 2. Vergleich der Geometriefaktoren von zentralen Punkten nach geo1 und geo4; $R = 2$; $\varrho = c = 0$

z	geo4	geo1	% Abweichung
1	$2{,}758 \cdot 10^{-1}$	$2{,}764 \cdot 10^{-1}$	−0,217
2	$1{,}459 \cdot 10^{-1}$	$1{,}464 \cdot 10^{-1}$	−0,342
3	$8{,}356 \cdot 10^{-2}$	$8{,}397 \cdot 10^{-2}$	−0,488
4	$5{,}250 \cdot 10^{-2}$	$5{,}279 \cdot 10^{-2}$	−0,549
5	$3{,}569 \cdot 10^{-2}$	$3{,}576 \cdot 10^{-2}$	−0,196
6	$2{,}560 \cdot 10^{-2}$	$2{,}566 \cdot 10^{-2}$	−0,234
7	$1{,}920 \cdot 10^{-2}$	$1{,}924 \cdot 10^{-2}$	−0,208
8	$1{,}490 \cdot 10^{-2}$	$1{,}493 \cdot 10^{-2}$	−0,201
9	$1{,}188 \cdot 10^{-2}$	$1{,}191 \cdot 10^{-2}$	−0,252
10	$9{,}688 \cdot 10^{-3}$	$9{,}710 \cdot 10^{-3}$	−0,227
			MW: −0,291 ±0,128

Zur Überprüfung der Resultate für exzentrische Punktstrahler sollten die Geometriefaktoren nach einer unabhängigen Methode berechnet werden. Zu diesem Zwecke wurde das Monte-Carlo-Verfahren herangezogen. Hierbei wurde mit einem Unterprogramm rannor der Programmbibliothek ein Feld normalverteilter Zufallszahlen im Bereich 0 ... 1 erzeugt. Diese Zahlen wurden mit Vorzeichen versehen, indem die Zahlen $f_1 \ldots f_{1200}$ eines Teilfeldes mit negativen Vorzeichen versehen wurden, wenn $f_{1200} \ldots f_1$ einen Wert $< 0{,}5$ besaßen. Von dem resultierenden Zufallszahlenfeld wurden je drei Werte zu einem Tripel zusammengefaßt, welches einen Raumvektor beschreibt. Durch Zählung des Verhältnisses von Vektoren, die in die Richtung der Sondenfläche weisen, zur Gesamtzahl der Tripel wird der Geometriefaktor erhalten. Für die Sondenfläche des Radius R muß gelten:

$$\left(f_{3i+1} \cdot \frac{z}{f_{3i+3}} - \varrho\right)^2 + \left(f_{3i+2} \cdot \frac{z}{f_{3i+3}}\right)^2 \leqq R \tag{41}$$

wenn $i = 0 \ldots n \cdot (1200) - 3$ Elemente des Zufallszahlenfeldes vorliegen.

Die Geometriefaktoren für einzelne Punkte (g_{ind}) zeigen bei wiederholter Rechnung eine Schwankungsbreite, die mit zunehmender Größe von n abnimmt, jedoch ist bei einfacher fortlaufender Steigerung von $n = 1$ bis $n = 15$ eine direkte Näherung an den Erwartungswert gemäß geo4 nicht deutlich zu erkennen. Bei einer gewichteten Mittelwertbildung aus einer sol-

Tab. 3. Vergleich der Geometriefaktoren für exzentrische Punkte nach geo7 (Monte-Carlo) und geo4; $R = 2$, $z = 3$, $n = 1 \dots 10$ u. 15

s	geo7 $g_{ind} \cdot 10^2$	geo7 $g_{gew} \cdot 10^2$	geo4 $g \cdot 10^2$	% Abwchg. ind/geo4	% Abwchg. gew/geo4
−2	5,86 10	5,87	5,93	−1,18	−1,01
−1	7,88	7,80	7,68	+2,604	+1,56
0	8,46	8,36	8,36	+1,20	0,00
+1	7,67	7,65	7,68	−0,130	−0,391
+2	6,01	5,98	5,93	1,349	0,843
				0,769 ± 1,457	0,200 ± 1,01

chen Berechnungsreihe mit

$$g_{gew} = \frac{\Sigma \sqrt{n_i} \cdot g_i}{\Sigma \sqrt{n_i}} \tag{42}$$

wird jedoch eine gute Übereinstimmung sichtbar, wie Tab. 3 zeigt. Wegen des starken Anstieges der Rechenzeit mit n erweist es sich in der Praxis als zweckmäßig mit $n = 5$ und 5 Wiederholungen zu arbeiten. Beim Vergleich von Geometriefaktoren, die nach den beiden Verfahren berechnet wurden, ergibt sich auch bei jeweils nur einem Durchlauf mit $n = 10$ eine gute mittlere Übereinstimmung, wie Tab. 4 in der Gegenüberstellung von geo4 und geo9 ausweist. Die prozentualen Abweichungen einzelner Werte können gemäß der Standardabweichung jedoch 3% ausmachen. Das ist auf die relativ kleine Zahl der verwendeten Zufallstripel bei naturgemäß kleinen Werten der Geometriefaktoren im gewählten Parameterbereich zurückzuführen.

Tab. 4. Vergleich der Geometriefaktoren exzentrischer Punkte nach geo4 (Integration) und geo9 (Monte-Carlo); $R = 1{,}9$

ϱ	z	geo9	geo4	% Abwchg.
0	0	$4{,}978 \cdot 10^{-1}$	$5{,}000 \cdot 10^{-1}$	−0,440
0	1	$2{,}661 \cdot 10^{-1}$	$2{,}666 \cdot 10^{-1}$	−0,188
0	2	$1{,}407 \cdot 10^{-1}$	$1{,}370 \cdot 10^{-1}$	+2,701
0	3	$7{,}133 \cdot 10^{-2}$	$7{,}720 \cdot 10^{-2}$	−7,604
0	4	$4{,}733 \cdot 10^{-2}$	$4{,}827 \cdot 10^{-2}$	−1,947
0	5	$3{,}242 \cdot 10^{-2}$	$2{,}328 \cdot 10^{-2}$	−0,369
0	6	$2{,}233 \cdot 10^{-2}$	$2{,}328 \cdot 10^{-2}$	−4,081
1	0	$5{,}029 \cdot 10^{-1}$	$0{,}500 \cdot 10^{-1}$	+0,580
1	1	$2{,}321 \cdot 10^{-1}$	$2{,}341 \cdot 10^{-1}$	−0,854
1	2	$1{,}232 \cdot 10^{-1}$	$1{,}209 \cdot 10^{-1}$	+1,902
1	3	$6{,}708 \cdot 10^{-2}$	$7{,}061 \cdot 10^{-2}$	−4,999
1	4	$4{,}550 \cdot 10^{-2}$	$4{,}522 \cdot 10^{-2}$	+0,619
1	5	$3{,}117 \cdot 10^{-2}$	$3{,}105 \cdot 10^{-2}$	+0,386
1	6	$2{,}283 \cdot 10^{-2}$	$2{,}248 \cdot 10^{-2}$	+1,557
2	0	0	0	0
2	1	$1{,}285 \cdot 10^{-1}$	$1{,}241 \cdot 10^{-1}$	+3,546
2	2	$8{,}417 \cdot 10^{-2}$	$8{,}078 \cdot 10^{-2}$	+4,197
2	3	$5{,}092 \cdot 10^{-2}$	$5{,}399 \cdot 10^{-2}$	−5,686
2	4	$3{,}925 \cdot 10^{-2}$	$3{,}752 \cdot 10^{-2}$	+4,611
2	5	$2{,}742 \cdot 10^{-2}$	$2{,}712 \cdot 10^{-2}$	+1,106
2	6	$2{,}092 \cdot 10^{-2}$	$2{,}031 \cdot 10^{-2}$	+3,003
				MW: −0,093 ± 3,259

Da beide Verfahren in allen untersuchten Parameterbereichen zu übereinstimmenden Aussagen führen, kann das Vorgehen gemäß der Integration im Programm geo4 als bestätigt angesehen werden. (Die praktische Nutzung der Programme nach der Monte-Carlo-Methode kann in der vorgestellten Form hingegen nicht empfohlen werden. Es wurde keine der an sich möglichen Rationalisierungen ausgearbeitet. Die Rechenzeiten sind demgemäß unökonomisch für Routinebetrieb).

b) *Die Geometriefaktoren von Geraden*

Die Berechnung der Geometriefaktoren durch die unmittelbare Integrationsmethode unter Verwedung der Winkelelemente $d\alpha$ oder der Radiuselemente dy in den Programmen geo5 bzw. geo2 liefert identische Ergebnisse (Prüfbereich: $R = 0.5 \dots 3$; $l = 0.5 \dots 10$; $z = 0 \dots 10$). Zur unabhängigen Kontrolle wurde eine Berechnung ausgehend von dem Monte-Carlo-Verfahren für exzentrische Punkte angewandt. Für eine Gerade der Länge l mit den Begrenzungspunkten y_1 und y_2 wurden $i = 1 \dots m$ Einzelpunkte berechnet. Die erhaltenen Geometriefaktoren der Punkte auf der Geraden $g_i = f(l_i)$ wurden nach dem von *Ludwig* [21] publizierten Programm einem Polynomausgleich des Grades $k - 1$ unterzogen.

$$p_l = a_1 + a_2 l_l + a_3 l_i^2 + \dots a_k l^{k-1}$$

Der Geometriefaktor der Geraden ergibt sich zu:

$$g = \frac{\int_{y_1}^{y_2} p(l)\, dl}{\int_{y_1}^{y_2} dl} = \frac{1}{|y_2 - y_1|} \sum_{i=1}^{k} \frac{y_2^i - y_1^i}{i} \cdot a_i \tag{43}$$

In Tab. 5 ist der Vergleich der Programmergebnisse von geo4 und den Punktwerten für geo7 bei Benutzung von 12000 Zufallstripeln dargestellt, sowie der Vergleich der Geometriefaktoren für die symmetrisch liegende Gerade der Länge $l = 4$ im Abstand $z = 1$. Es zeigt sich, daß die Übereinstimmung der Geometriefaktoren der Punkte nach geo5 und geo7 gut ist. Die Übereinstimmung der Geometriefaktoren der Geraden nach geo5 und geo7 ist entsprechend gut. Belegmaterial hierfür ist in Tab. 6 zusammengestellt. Es bestätigt sich erneut, daß das Integrationsverfahren zuverlässig anwendbar ist.

c) *Die Geometriefaktoren von strahlenden Kreisflächen*

Im Programm geo10 wurde die Integrationsmethode zur Berechnung der Geometriefaktoren angewandt. Die Werte wurden mit entsprechenden Werten der Reihenentwicklung nach *Petrshak* (Gl. 13) im Programm geo1 verglichen.

Tab. 5. Vergleich der Geometriefaktoren von Punkten einer Geraden nach geo4 und geo7; $L = 4$; $z = 1$

Position	geo7 g · 10 ind.	geo7 g · 10 ausgegl.	geo4 g · 10	% Abweichung ausgegl./geo4
−2,0	1,402	1,426	1,403	1,639
−1,8	1,719	1,678	1,666	0,720
−1,6	1,887	1,905	1,910	−0,262
−1,4	2,088	2,107	2,132	−1,173
−1,2	2,267	2,822	2,317	−1,511
−1,0	2,482	2,431	2,464	−1,339
−0,8	2,572	2,554	2,572	−0,700
−0,6	2,681	2,651	2,647	0,151
−0,4	2,639	2,721	2,714	0,258
−0,2	2,767	2,763	2,747	0,582
0,0	2,818	2,779	2,758	0,761
0,2	2,765	2,767	2,747	0,728
0,4	2,676	2,727	2,714	0,479
0,6	2,637	2,660	2,647	0,491
0,8	2,550	2,564	2,572	−0,311
1,0	2,484	2,440	2,464	−0,974
1,2	2,324	2,287	2,317	−1,295
1,4	2,118	2,106	2,132	−1,220
1,6	1,903	1,896	1,910	−0,733
1,8	1,604	1,656	1,666	−0,600
2,0	1,401	1,387	1,403	−1,140
				MW: −0,259 ± 0,900

Die erhaltenen Geometriefaktoren sind in Tab. 7 gegenübergestellt. Da die Rechenzeiten für das Integrationsverfahren bei 1% Genauigkeitsforderung der Schritte klein bleiben, ist dieses Programm gegenüber der Reihenentwicklung vorzuziehen, da die einschränkende Bedingung $c \leqq R$ entfällt, die ein zweites Teilprogramm erfordern würde.

Tab. 6. Vergleich der Geometriefaktoren von Geraden nach geo5 und geo7; $R = 2$

L	z	geo5 g	geo7 g	% Abweichung geo7/geo5
3,8	2	$1{,}278 \cdot 10^{-1}$	$1{,}267 \cdot 10^{-1}$	+0,868
3,8	4	$4{,}907 \cdot 10^{-2}$	$4{,}980 \cdot 10^{-2}$	−1,466
3,8	6	$2{,}464 \cdot 10^{-2}$	$2{,}425 \cdot 10^{-2}$	+1,608
3,8	8	$1{,}456 \cdot 10^{-2}$	$1{,}478 \cdot 10^{-2}$	−1,488
3,8	10	$9{,}547 \cdot 10^{-3}$	$9{,}762 \cdot 10^{-3}$	−2,202
4,0	2	$1{,}260 \cdot 10^{-1}$	$1{,}250 \cdot 10^{-1}$	+0,800
4,0	4	$4{,}871 \cdot 10^{-2}$	$4{,}908 \cdot 10^{-2}$	−0,754
4,0	6	$2{,}453 \cdot 10^{-2}$	$2{,}445 \cdot 10^{-2}$	+0,327
4,0	8	$1{,}452 \cdot 10^{-2}$	$1{,}440 \cdot 10^{-2}$	+0,833
4,0	10	$9{,}530 \cdot 10^{-3}$	$9{,}817 \cdot 10^{-3}$	−2,924
4,2	2	$1{,}241 \cdot 10^{-1}$	$1{,}247 \cdot 10^{-1}$	−0,481
4,2	4	$4{,}833 \cdot 10^{-2}$	$4{,}868 \cdot 10^{-2}$	−0,719
4,2	6	$2{,}443 \cdot 10^{-2}$	$2{,}476 \cdot 10^{-2}$	−1,333
4,2	8	$1{,}448 \cdot 10^{-2}$	$1{,}454 \cdot 10^{-2}$	−0,413
4,2	10	$9{,}513 \cdot 10^{-3}$	$9{,}998 \cdot 10^{-3}$	−4,851
				MW: −0,813 ± 1,678

d) *Die Geometriefaktoren von kugelförmigen Strahlern*

Die Berechnung des Geometriefaktors einer Kugel ist kein selbständiges Problem, da es sich entsprechend der Definition des Raumwinkels auf die Berechnung des Geometriefaktors des Kugelmittelpunktes reduziert, so daß entweder das Programm für den zentralen oder das für den exzentrischen Punkt zur Anwendung kommt.

Zur Kontrolle der Güte des mehrfachen Integrationsverfahrens wurde trotzdem ein diesbezügliches Programm aufgestellt

Tab. 7. Vergleich der Geometriefaktoren von Kreisflächen nach geo1 (Reihenentwicklung) und geo10 (Integration); $R = 1{,}2$

c	z	geo1 g	geo10 g	% Abweichung geo10/geo1
0,8	2	$6{,}651 \cdot 10^{-2}$	$6{,}630 \cdot 10^{-2}$	0,317
0,8	4	$2{,}056 \cdot 10^{-2}$	$2{,}051 \cdot 10^{-2}$	0,244
0,8	6	$9{,}590 \cdot 10^{-3}$	$9{,}569 \cdot 10^{-3}$	0,219
0,8	8	$5{,}492 \cdot 10^{-3}$	$5{,}480 \cdot 10^{-3}$	0,219
0,8	10	$3{,}545 \cdot 10^{-3}$	$3{,}537 \cdot 10^{-3}$	0,226
1,8	2	$5{,}202 \cdot 10^{-2}$	$5{,}161 \cdot 10^{-2}$	0,794
1,8	4	$1{,}865 \cdot 10^{-2}$	$1{,}861 \cdot 10^{-2}$	0,215
1,8	6	$9{,}136 \cdot 10^{-3}$	$9{,}116 \cdot 10^{-3}$	0,219
1,8	8	$5{,}337 \cdot 10^{-3}$	$5{,}325 \cdot 10^{-3}$	0,225
1,8	10	$3{,}479 \cdot 10^{-3}$	$3{,}471 \cdot 10^{-3}$	0,230
				MW: 0,291 ± 0,179

Tab. 8. Vergleich der Geometriefaktoren einer Kugel nach geol2 (Integration) und geol (zentraler Punkt) berechnet. Sondenradius $R = 2$

z	c	geol2 g	geol g	% Abweichung geol2/geol
25	0,1	$1{,}589 \cdot 10^{-3}$	$1{,}592 \cdot 10^{-3}$	−0,188
25	24	$1{,}586 \cdot 10^{-3}$	$1{,}592 \cdot 10^{-3}$	−0,377
3	2	$8{,}375 \cdot 10^{-2}$	$8{,}397 \cdot 10^{-2}$	−0,262
4	2	$5{,}265 \cdot 10^{-2}$	$5{,}279 \cdot 10^{-2}$	−0,265
5	2	$3{,}575 \cdot 10^{-2}$	$3{,}576 \cdot 10^{-2}$	−0,028
6	2	$2{,}558 \cdot 10^{-2}$	$2{,}566 \cdot 10^{-2}$	−0,312
7	2	$1{,}919 \cdot 10^{-2}$	$1{,}924 \cdot 10^{-2}$	−0,260
8	2	$1{,}489 \cdot 10^{-2}$	$1{,}493 \cdot 10^{-2}$	−0,268
9	2	$1{,}188 \cdot 10^{-2}$	$1{,}191 \cdot 10^{-2}$	−0,252
10	2	$9{,}686 \cdot 10^{-3}$	$9{,}710 \cdot 10^{-3}$	−0,247
5	0,01	$3{,}575 \cdot 10^{-2}$	$3{,}576 \cdot 10^{-2}$	−0,028
5	4,5	$3{,}575 \cdot 10^{-2}$	$3{,}576 \cdot 10^{-2}$	−0,028
				MW: $-0{,}210 \pm 0{,}0118$

und getestet. In Tab. 8 sind die Ergebnisse mit denen des zentralen Punktes nach geol ($\gamma = 0$) verglichen. Die Abweichungen bleiben in dem allgemein beobachteten Rahmen. Damit kann die Integrationsmethode auch für räumliche Gebilde als zuverlässig angesehen werden.

e) *Die Geometriefaktoren liegender strahlender Zylinder*

Die Geometriefaktoren wurden mit der Methode der Mehrfachintegration berechnet. In Tab. 9 sind einige Rechenwerte mit experimentellen Impulsratenmessungen [22] an einem mit Ag^*NO_3-Lösung gefüllten zylindrischen Rohr vom Innendurchmesser $2c = 1{,}53$ cm in verschiedenem Achsabstand z verglichen. Es wurde eine Normierung bei dem Abstand $z = 3{,}8$ cm vorgenommen. Wie zu erwarten, zeigen die experimentellen Daten erhebliche Streuungen, doch wird der Verlauf der Geometriefaktoren mit dem Zylinderabstand korrekt wiedergegeben.

Zum Vergleich des Programmes geoll mit den anderen Teilen des Programmsystems wurde für einen Zylinderradius $c = 0{,}05$ die Zylinderlänge variiert. Generell sollten die Geometriefaktoren

Tab. 10. Geometriefaktoren für Zylinder unterschiedlicher Länge; $c = 0{,}05$; $R = 2$; $z = 3$

l	$g \cdot 10^2$	Kontrollwerte
0,1	8,376	$8{,}397 \cdot 10^{-2}$
0,2	8,374	Entspricht: −0,25% zu geol
1	8,316	
2	8,138	
3	7,857	
4	7,497	$7{,}513 \cdot 10^{-2}$
6	6,649	Entspricht: −0,21% zu geo2
8	5,796	
10	5,046	
12	4,425	
16	3,503	
20	2,877	
24	2,433	
28	2,104	
32	1,852	

Tab. 11. Geometriefaktoren für radiogaschromatographische Detektionsrohre

z	l	c	g nach [23]	g +geoll	% Abweichung bezogen auf geoll
1,1	4	0,1	0,279	0,2179	+28
1,4	4	0,4	0,268	0,1804	+49

bei einem Sondenradius $R = 2{,}0$ und einem Abstand $z = 3$, einer strahlenden Gerade (geo2) nahekommen und für $l \to 0$ sich dem Wert des zentralen Punktes nähern. Diesbezügliche Ergebnisse sind in Tab. 10 dargestellt. Wiederum ergibt sich eine gute wechselseitige Übereinstimmung.

In einer früheren experimentellen Arbeit über die Arbeitsweise von Radiogaschromatographiedetektoren [23] war von uns der Geometriefaktor eines Zylinders abgeschätzt worden durch Berechnung des Geometriefaktors einer Kreisscheibe,

Tab. 9. Geometriefaktoren für ein liegendes zylindrisches Rohr; nach geoll (Integration) und aus exper. Impulsraten

z mm	I/300 s^{-1}	geoll g	g_{exp} normiert	% Abweichung bezogen auf geoll
9	29637	$2{,}222 \cdot 10^{-1}$	$2{,}246 \cdot 10^{-1}$	1,08
13,5	23494	$1{,}731 \cdot 10^{-1}$	$1{,}781 \cdot 10^{-1}$	2,889
19	16092	$1{,}257 \cdot 10^{-1}$	$1{,}220 \cdot 10^{-1}$	−2,944
27,5	9921	$8{,}108 \cdot 10^{-2}$	$7{,}519 \cdot 10^{-2}$	−7,264
38	6750	$5{,}116 \cdot 10^{-2}$	$5{,}116 \cdot 10^{-2}$	—
67,5	2699	$1{,}965 \cdot 10^{-2}$	$2{,}046 \cdot 10^{-2}$	4,601
97,5	1387	$9{,}914 \cdot 10^{-3}$	$1{,}051 \cdot 10^{-2}$	6,012
131,5	766	$5{,}588 \cdot 10^{-3}$	$5{,}806 \cdot 10^{-3}$	3,901
				MW: $1{,}18 \pm 4{,}72$

wobei

$$c_F = \sqrt{\frac{2 \cdot c_z \cdot l}{\pi}} \tag{44}$$

angenommen wurde (c_F = Radius Kreisfläche, c_Z = Zylinderradius). Ein Vergleich mit den Rechenwerten nach geo11 in Tab. 11 zeigt, daß zur genauen Charakterisierung von experimentellen Anordnungen unbedingt auf Berechnungen gemäß geo11 bzw. Gl. (40) zurückgegriffen werden muß.

Eingegangen am 9. 5. 1979

Literatur

[1] *Hj. Tallqvist*, Soc. Scient. Fenn. Comm. Phys.-Math. V H. 11 (1930) 1 und V H. 24 (1931) 1
[2] *F. Norling*, Arkiv Math. Astron. Fysik 27A (1941) 27
[3] *De la Hire*, Mémoires de la Academie des Sciences (1704) 220
[4] *Hj. Tallqvist*, Soc. Scient. Fenn. Comm. Phys.-Math. VI H 11 (1932) 1
[5] *L. Zumwalt*, AECU-567; ORNL März 1950
[6] *M. Garrett*, Rev. Sci. Instrum. 25 (1954) 1208
[7] *B. Burtt*, Nucleonics 5 (1949) Aug., 28
[8] *A. Jaffey*, Rev. Sci. Instrum. 25 (1954) 349
[9] *E. Steinberg* in: Nuclear Instruments and their Uses, Bd. I Hrsg.: *A. Snell*, Wiley Interscience, New York 1962
[10] *R. Gardner, K. Verghese*, Nuclear Instr. Methods 93 (1971) 163
[11] *G. Cook, J. Duncan*, Modern Radiochemical Practice, Clarendon Press, Oxford 1958
[12] *K. Petrshak, M. Bak*, J. techn. Phys. (russ.) 25 (1955) 636
[13] *A. Maskel, R. Maiklin, H. Schmitt*, ORNL-2170; Nov. 1956
[14] *E. Berne*, Rev. Scient. Instrum. 22 (1951) 509
[15] *K. Verghese, R. Gardner, R. Felder*, Nucl. Instr. Methods 101 (1972) 391
[16] *I. Williams*, Nuclear Instr. Methods 44 (1966) 160
[17] *C. Bonnet, P. Hillion, G. Nurdin*, Nuclear Instr. Methods 54 (1967) 321
[18] *T. Nakamura*, Nuclear Instr. Methods 86 (1970) 163
[19] *L. Wielopolski*, Nuclear Instr. Methods 143 (1977) 577
[20] *M. Ruffle*, Nuclear Instr. Methods 52 (1967) 354
[21] *R. Ludwig*, Methoden der Fehler- und Ausgleichsrechnung; Berlin: VEB Deutscher Verlag der Wissenschaften 1969. S. 97 und 241
[22] Unveröff. *U. Westfahl, U. Prösch*, Radiochem. Praktikum HUB (1977)
[23] *U. Prösch, M. Luthardt, L. Kolditz*, Isotopenpraxis 13 (1977) 346

Recent Developments and Trends in the Production of Radioisotopes in Hungary*)

T. Lengyel, L. Szirtes, G. Tóth

(Institute of Isotopes, Hungarian Academy of Sciences)¹)

The development of radioactive products in Hungary is discussed with special emphasis on sealed sources and radiopharmaceuticals. In case of the latter the increasing role of radioimmunoassay is stressed and the main trends in research and development are dealt with.

(D13) INIS DESCRIPTORS:

cobalt 60; Hungary; iodine 125; iridium 192; isotope production; planning; promethium 147; radioimmunoassay; radiopharmaceuticals; sealed sources; technetium 99; tritium compounds

When recalling the cautious forecasts of our previous meetings held in Paris, Belgrade, Madrid, Budapest and Athens as regards future trends and development, and comparing these with the effective achievements, the malicious phrase formulated by Dr. *Peppard* and presented as a toast on a conference-banquet seems to be verified: "No amount of planning will ever replace dumb luck!"

Turning the words more serious, four years ago at our last meeting we would not had taken the risk to forecast a 45% increase of the production volume for this period, totalling more than 21 million Forints in 1978.

First of all we would like to deal with general problems. As far as the export share is concerned, in the given period it varied between 46–58% and presently it represents 48%.

These figures refer to the production of the Institute of Isotopes only. Some radioactive products, first of all kits for radioimmunassay, some radiopharmaceuticals and sealed sources are imported. All these items are — according to inland regulations — checked and dispensed by the Institute. When comparing the total number of shipments dispatched (in 1978 totalling 15700) with that of the inland produced items a ratio of about 2 to 1 can be established. Indirectly the number of shipments reflects the overall turnover figures as well and these show a 67% increase as compared with data of 1974.

The main interests tend towards the increased use of radiopharmaceuticals and sealed sources. In the case of the former the recent years presented a jump leap of in vitro diagnostic kits while the development in the latter is characterized by the continuous spreading of the radiographic technique and, as a consequence, an increasing demand for high activity ^{192}Ir sources can be observed. In the last few years the use of radioluminescent paints and radiation excited light sources have also gained in importance.

The irradiation facilities did not change basically in the recent years and this calls forth the need for widening the circle of our cooperating partners. Regrettably, most of the reactors in the neighbouring countries have their regular shut-down in the same summer period and — an annoying foreshadow for the future — since most of these first generation research reactors were built near simultaneously, their reconstructions may be expected in the early eighties, also in the same period.

As far as accelerator irradiations are concerned, Hungary plans to put its first cyclotron into operation by 1984 only and so a shortage in home-made radioactive products is foreseen in a five years outlook. This is planned to be partly overcome by trying to arrange irradiation service in the neighbouring reac-

*) Vortrag gehalten auf dem 6th Meeting of European Radioisotope Producers, Dresden (DDR) 23.–25. 1. 1979

¹) Address: H-1525 Budapest, POB. 77, Hungary

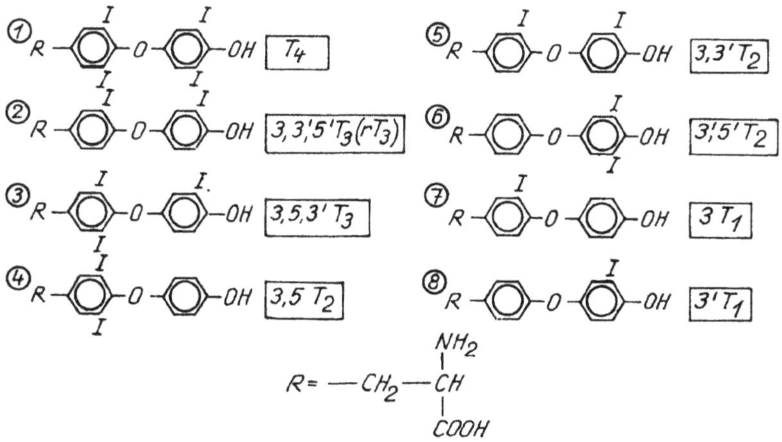

Fig. 1. Radioiodine labelled iodothyronines
Bitte beachten: in der Formel 2 steht auch in o'-Stellung zur OH-Gruppe noch ein I.

tors abroad, as far as medium or long-lived nuclides are concerned. For routinely used radiochemicals and pharmaceuticals containing short-lived isotopes the conception is to irradiate the corresponding target materials in the Training Reactor of the Technical University of Budapest, the output of which will be enlarged by a factor of ten for this period.

As far as the classification of inland customers is concerned, the medical sphere predominates, representing about 60% of the total. This is followed by the industrial users the share of which can be estimated to 25%, the rest being the contribution of the research and agricultural fields.

After this general review further on we would like to deal with the most important results which were attained since our meeting in Athens.

After having realized our so-called "Instant Technetium Programme", according to which the inland customers in the Budapest area are supplied daily with ^{99m}Tc in the form of sterile isotonic sodium pertechnecate solution, three in vivo kits were worked out to facilitate rapid diagnostic assay. These render possible to prepare instantly the corresponding citrate, phosphonate and phytate compounds which in turn can advantageously be used for imaging the function of the kidneys, detection of skeletal diseases and the reticulo-endothelial system (RES), respectively. In order to facilitate proper dosaging, simulating reference sources containing ^{141}Ce are also supplied.

The production of tritium-labelled prostaglandins represents another dynamically developing field. These are prepared on biochemical basis, making use of the proper enzyme-system from tritium-labelled arachidonic acid. The purification is performed with the aid of preparative thin layer chromatography [1].

At present the E_2, $F_{2\alpha}$, A_2 and B_2 prostaglandins are regularly produced with a specific activity of about 4 TBq/mmole.

The most recent result in this field is that we succeeded in the preparation of the ^{125}I-labelled thyrosin methylester derivative of $F_{2\alpha}$ prostaglandin, which, in our opinion, presents new vistas as regards prostaglandin radioimmunassay.

In addition, in the scope of our development programme the production of six radioiodine labelled iodothyronines (out of the existing eight shown in Fig. 1) was performed. In the case of ^{125}I-labelled triiodothyronine and thyroxine we aimed at rendering the competitive protein binding and radioimmunassay of thyroid hormones in the clinical laboratories possible, while ^{125}I-labelled reverse triiodothyronine, diiodothyronines and 3' iodothyronines were considered as being important aids in the thyroid hormone metabolic studies.

The well-known "chloramin T" method was used to labell the iodothyronines mentioned. The feature of this labelling procedure is that it leads to the formation of labelled by-products, partly due to the homogeneous isotopic exchange taking place at the 3' and/or 5' positions, simultaneously with the electrophilic substitution, and partly due to the oxidizing effect of the chloramine T. By the way this is why the after-labelling purification of the radioiodothyronine of interest can not be omitted.

The adsorption chromatographic separation of iodothyronine pairs (e.g. triiodothyronine and thyroxine) is usually based on the finding that Sephadex-type dextrane gels like G-25 and LH-20 reversibly adsorb organic acids in non-ionized form, while dissociation of the carboxyl or phenolic hydroxyl group results in the decrease of the adsorption affinity and thus in the decrease of the distribution coefficient as well.

Segregation of two or more organic acids, e.g. iodothyronines, by adsorption chromatography seems to be possible only when a considerable difference in the pK values exists (pK represents the pH value at which 50% of the phenolic hydroxyl group is dissociated).

From the data of Tab. 1. the conclusion can be drawn that the eight iodothyronines form three groups with regard of the pK_{OH} values only, which is due to the fact that the acidity of the phenolic hydroxyl group is influenced by the number or iodine substituents at the 3' and/or 5' positions, irrespectively of the number of iodine atoms at the 3 and/or 5 positions.

In order to overcome the difficulties arising from the very close pK_{OH} values of several iodothyronines, it was aimed at

Tab. 1. Classification of iodothyronines according to the number of iodine atoms per molecule and to the number of iodine atoms in the molecule

Number of iodine atoms per molecule	in the phenolic ring		
	0	1	2
1	3T1	3'T1	
2	3,5T2	3,3'T2	3',5'T2
3		3,3'5T3	3,3'5T3 (rT3)
4			T4
pK_{OH}	9·3–9·5	8·3–8·5	6·4–6·7

developing a separation method based on the different adsorption affinities of iodothyronines towards the dextran gel as a function of the number of iodine atoms per molecule, instead of the different adsorption affinity as a function of the ionized or non-ionized state of the phenolic hydroxyl group.

It was revealed that at *p*H less than 4, i.e. where the phenolic hydroxyls of iodothyronines are non-ionized, the adsorption affinity and thus also the elution volume increases with increasing number of iodine atoms per molecule, irrespectively of their positions [2].

On the other hand, it has also been shown that organic solvents compete with iodothyronines for the surface sites of the dextran gel: the higher the organic solvent concentration of the eluent, the smaller elution volume and distribution coefficient can be achieved.

In Fig. 2 representative elution patterns obtained with binary eluents containing 50, 40 and 30% aqueous ethanol for separation of T3 and T4 are shown. Fig. 3. demonstrates that there exists a linear relationship between the logarithms of the distribution coefficients and the solvent concentration which renders possible the systematic adjustment of the distribution coefficient required by choosing the proper solvent concentration.

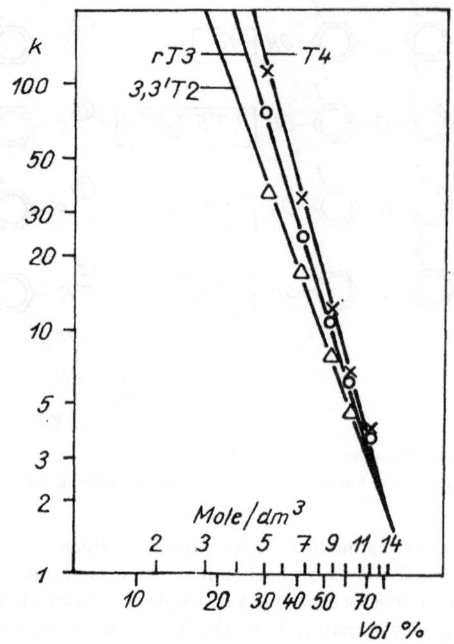

Fig. 3. The distribution coefficient (k) vs. solvent concentration (S) shown in log-log plot

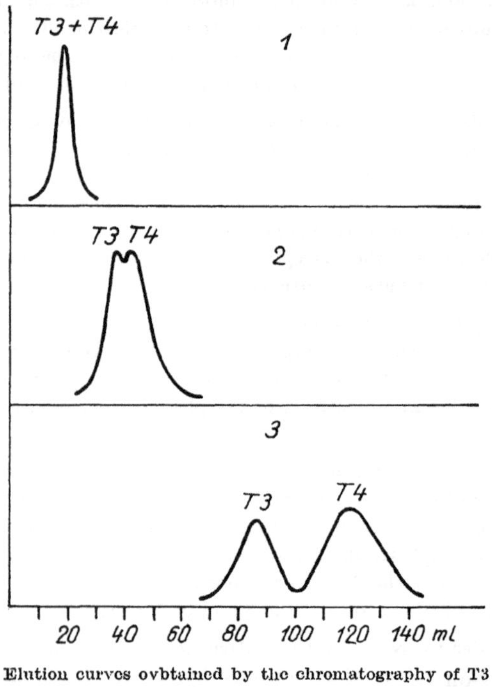

Fig. 2. Elution curves ovbtained by the chromatography of T3 and T4 Curve 1: Eluent 50 vol% ethanol, *p*H = 4; Curve 2: Eluent 40 vol% ethanol, *p*H = 4; Curve 3: Eluent 30 vol% ethanol, *p*H = 4

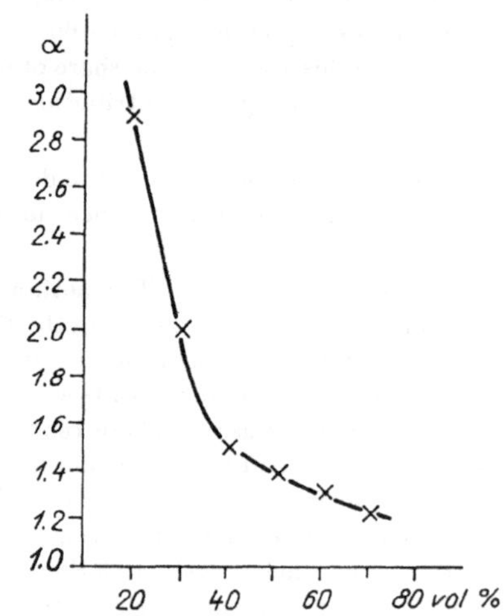

Fig. 4. The dependence of the selectivity coefficient on the ethanol concentration of the eluent for the separation of *r*T3 and 3,3′ T2

Since the slopes of the log k vs. log (S) straight lines are different for iodothyronines with different number of iodine atoms per molecule, it goes without saying that, besides the distribution coefficient values the selectivity of the separation, defined for two adjacent bands as the ratio of the k-values, can be controlled by the solvent concentration as well. In Fig. 4. the selectivity of the separation of *r*T3 and 3,3′T2 as a function of the ethanol concentration of the eluent is shown [3, 4].

In order to facilitate routine diagnostic work, for the determination of insulin resistance of patients, i.e. for the assay of insulin-binding antibodies in sera a kit containing ^{125}I-labelled insulin has also been developed. The separation of the bound and unbound tracer is performed with polyethylene glycol.

Finally we would like to give a review on the development in the field of sealed sources.

Among the sources used in therapeutic work the production of ^{60}Co spheres represents a new step [5]. These spheres of 3·2 mm diameter and 400 MBq activity are used in the so-called "afterloading technique" and the main feature of their production is that they are prepared as sealed sources by welding the stainless steel coverage and maintaining a non-deformed globular shape. This latter is achieved by a finishing procedure performed in a device like a ball-grinder.

The increasing demand for high activity ^{192}Ir sources made indispensable to utilize reactor irradiation service abroad. This rendered possible to content the inland customers with ^{192}Ir sources of 5 TBq activity with active dimensions of 3 × 3 mm.

A special source for radioagraphy of plastic sheets and tubes was also constructed. It contains up to 1 TBq of ^{147}Pm and the bremsstrahlung from a zirconium oxide target at an energy range 15—20 keV is utilized.

One of the most spectacular development can be observed in the production of light sources. The different luminescent paints (activated zinc or cadmium sulphide) are excited by the soft β-radiation of ^{147}Pm. The main feature is that using standard discs of 1 cm² surface optional forms and shapes can be prepared. The most common one has a lighting surface of 100 cm², containing 37 standard discs in symmetric arrangement and comprising near 80 GBq ^{147}Pm.

The bremsstrahlung is shielded by lead, the stainless steel holder is welded and the front cover is prepared from lead glass. As a result of the carefully developed technology the dose rate at the surface of the source does not exceed 70 pA/kg and the whole assembly suits the specifications for the second category sealed sources, according to the ISO regulations.

In summarizing the results of the last four years, as far as Hungary is concerned, a steady progress has continued which allows optimistic forecasts for the future.

Received April 11, 1979

References

[1] *G. Végh, B. Tanács, I. Mucha, F. Kling*, Izotóptechnika 19 (1976) 222 (in Hungarian)
[2] *G. Tóth*, J. Radioanal. Chem. 46 (1978) 201
[3] *G. Tóth*, J. Chromatography 152 (1978) 277
[4] *G. Tóth*, Radiochem. Radioanal. Lett. 29 (1977) 207
[5] *F. Manglár*, Izotóptechnika 21 (1978) 46

Isotopenverdünnungsanalyse mit der Funkenquellen-Massenspektrometrie

H.-J. Dietze[1]), *I. Opauszky*[2])

([1]) Zentralinstitut für Isotopen- und Strahlenforschung der AdW der DDR; [2]) Zentralforschungsinstitut für Physik der Ungarischen Akademie der Wissenschaften Budapest)

Es wird über Untersuchungen zur massenspektrometrischen Isotopenverdünnungsanalyse mit stabilen Nukliden unter Verwendung von Hochfrequenzfunken-Ionenquellen berichtet. Die Analysenmethode zeichnet sich durch eine gute Richtigkeit und Reproduzierbarkeit der Analysenergebnisse mit durchschnittlichen Standardabweichungen von 5% bis 10% im ppm-Bereich aus. Durch die Anwendung des elektrischen Ionennachweises und der Ionenstromverstärkung mittels Sekundärionenvervielfacher konnten die Analysenzeiten gegen über der Isotopenverdünnungsanalyse mit photographischer Ionenstromregistrierung wesentlich gesenkt werden.

(B11) INIS DESCRIPTORS:

accuracy; copper 63; copper 65; electron multipliers; graphit; ion detection; isotope dilution; isotope ratio; mass spectroscopy; quantitative chemical anaysis; spark mass spectrometers; strontium; trace amounts

1. Einleitung

In einer früheren Arbeit [1] wurde über die Methodik und die Ergebnisse eines Analysenverfahrens zur isotopenverdünnungsanalytischen Multielementanalyse mit der Funkenquellen-Massenspektrographie berichtet. Dieses Analysenverfahren zeichnet sich durch eine hohe Richtigkeit und eine gute Präzision der Meßergebnisse aus, wobei das Nachweisvermögen mit Nachweisgrenzen bis in den ppb-Bereich hoch ist. Dazu trägt unzweifelhaft der photographische Ionennachweis bei, der durch seine extreme Empfindlichkeit und sein Integrationsvermögen bei gleichzeitiger Registrierung aller Ionenströme einen idealen Datenspeicher hoher Speicherkapazität darstellt. Ein Nachteil der photographischen Registrierung der Ionenströme ist, daß die Rückgewinnung der Analyseninformationen durch den Entwicklungsprozeß der Photoplatten und deren photometrische Auswertung u. U. zeitraubend ist. Deshalb scheint es zweckmäßig zu untersuchen, inwieweit eine schnellere Analyse durch den Einsatz der elektrischen Registrierung der Ionenströme aus einer Funkenionenquelle erreicht werden kann. In einer Reihe von Arbeiten zum elektrischen Ionennachweis von Ionenströmen aus Funkenionenquellen konnte gezeigt werden, daß Analysenergebnisse mit vergleichbaren Nachweisgrenzen wie mit dem photographischen Ionennachweis, aber vergleichsweise niedrigeren Standardabweichungen erzielt werden [2–4]. Ein wesentlicher Vorteil des elektrischen Ionennachweises ist die unkomplizierte und damit schnellere Auswertung der Massenspektren, die u. U. sogar mit einer on-line-Kopplung des Massenspektrometers mit einem Computer durchgeführt werden kann. Ein Nachteil für den elektrischen Ionennachweis sind die stark schwankenden Ionenströme, die aus einer Funkenionenquelle extrahiert werden.

In dieser Arbeit soll über Untersuchungen zur Möglichkeit einer massenspektrometrischen Isotopenverdünnungsanalyse mit stabilen Tracern unter Verwendung einer Hochfrequenzfunken-Ionenquelle berichtet und an Hand der Meßergebnisse an geologischen Standardproben sollen die Vorteile und Grenzen des Analysenverfahrens diskutiert werden.

2. Instrumentelles

Als Probenmaterial wurden geologische Standardproben des Zentralen Geologischen Instituts Berlin verwendet [5]. Das nichtleitende feingemahlene Probenmaterial wurde mit Reinstgraphit (RWS, Ringsdorf-Werke, BRD), dem vorher der stabile Tracer zugegeben worden war, gemischt, homogenisiert und zu Elektroden gepreßt, die in die Hochfrequenzfunken-Ionenquelle eines doppelfokussierenden Massenspektrometers eingebaut wurden. Einzelheiten zur Probenpräparation, zur Isotopenverdünnungsanalyse und zur Herstellung des Tracer-Graphit-Gemisches können [6, 1] entnommen werden. Für die Untersuchungen standen zwei doppelfokussierende Massenspektrometer vom *Mauttauch-Herzog*-Typ zur Verfügung: das Massenspektrometer MS 702 R (AEI, England) und das Massenspektrometer MX 3301 (SKB Leningrad, UdSSR). Der Ionennachweis erfolgt bei beiden Geräten mit offenen SEV-Systemen, wobei das MS 702 R mit einem 20stufigen SEV (Kupfer-Beryllium-Dynoden) und das MX 3301 mit einem SEV-System mit kontinuierlichen Dynoden ausgestattet ist. Zur elektrischen Ionen-

[1]) Anschrift: 705 Leipzig, Permoserstr. 15

stromregistrierung in doppelfokussierenden Massenspektrometern werden zwei Möglichkeiten genutzt. Das ist erstens der kontinuierliche Scan des Magnetfeldes zur Registrierung eines größeren Massenbereiches (peak-scanning), das in der Massenspektrometrie übliche Verfahren, und zweitens das Schalten des Spannungsverhältnisses von Ionenbeschleunigungsspannung zu Ablenkspannung am elektrostatischen Analysator (peak-switching) mit Hilfe einer speziellen Elektronik, durch die die gewünschten Isotopenlinien genau auf den Austrittsspalt fokussiert werden. Die Einstellung wird während des Vorfunkens durchgeführt. Die gegenwärtige Ausrüstung erlaubt die Einstellung der Spannungsverhältnisse in einem Massenbereich von 1:1,2 oder 1:2.

Der wesentliche Unterschied zwischen beiden Methoden besteht darin, daß bei der „peak-switching"-Methode die Ladung eines auf den SEV fallenden Ionenstrahls so lange mit Hilfe eines AD-Umwandlers gemessen wird, bis ein vorgegebener Gesamtladungswert, der an der Monitorelektrode gemessen wird, erreicht ist. Aus den digitalisierten Ladungswerten der verschiedenen Isotopenlinien ergeben sich unmittelbar deren Isotopenverhältnisse. Auf diese Weise wird der Einfluß von Ionenstromschwankungen vermindert und somit die Richtigkeit und Reproduzierbarkeit der Meßergebnisse verbessert.

Bei der „peak-scanning"-Methode ist — obwohl in diesem Falle das Verhältnis aus Ionenstrom einer Isotopenlinie zum Gesamtionenstrom registriert wird — der Einfluß von Ionenstromschwankungen größer, da die Meßzeit für eine Isotopenlinie kurz ist. Die Richtigkeit der Meßergebnisse läßt sich nur durch eine große Zahl von Wiederholungsmessungen verbessern.

Zur Verbesserung der Ionenstromkonstanz wurden verschiedene Systeme zur automatischen Kontrolle und Regelung von Ionenquellenparametern entwickelt [7, 8]. Das für diese Arbeiten verwendete Massenspektrometer MS 702 ist mit einem sog. „Autospark"-System [10] zur Verbesserung der Ionenstromkonstanz ausgestattet. Das Massenspektrometer MX 3301 besitzt kein derartiges System, erlaubt aber die Registrierung des Ionenstromverhältnisses aus Teilionenstrom (SEV-Ausgang) und Totalionenstrom (Monitor).

Bei Anwendung der „peak-scanning"-Methode erhält man im Falle der analogen Registrierung ein normales Linienspektrum, aus dem über die Auswertung der Peakhöhen die Isotopenverhältnisse der zu messenden Isotope direkt bestimmt werden können.

Bei der „peak-switching"-Methode werden die Ionenstromsignale der eingestellten Isotopenlinien mit einem A/D-Wandler digitalisiter und entweder von Hand ausgewertet oder über einen Zwischenspeicher (Loch- oder Magnetband) einer EDV-Anlage zugeführt.

Zum Zwecke der Isotopenverdünnungsanalyse bestimmt man mit den oben angeführten Methoden das Häufigkeitsverhältnis X zweier Isotope eines Elementes aus der Mischung der Probe (natürliche Isotopenzusammensetzung) und einem Tracer (stark veränderte Isotopenzusammensetzung) und berechnet die gesuchte Konzentration dieses Elementes Q_P in der Probe mit der Analysengleichung der Isotopenverdünnunganalyse:

$$Q_P = Q_T \cdot \frac{T - X}{X - P} \cdot H$$

wobei:

$Q_P =$ Menge bzw. Konzentration des Spurenelementes P in der Probe in µg bzw. ppm

$Q_T =$ Menge bzw. Konzentration des eingesetzten Tracers T in µg bzw. ppm

$P = \left(\frac{h_1}{h_2}\right)_P$ = Häufigkeitsverhältnis der Isotope 1 und 2 des Spurenelementes

$T = \left(\frac{h_1}{h_2}\right)_T$ = Häufigkeitsverhältnis der Isotope 1 und 2 des Tracers

$X = \left(\frac{h_1}{h_2}\right)_X$ = Häufigkeitsverhältnis der Isotope 1 und 2 in der Mischung

$H =$ Faktor, der sich bei der Umrechnung aus der Anzahl der Atome in Masseneinheiten ergibt

Die Größen Q_T, T, P und H sind bekannt. Das Häufigkeitsverhältnis X wird bestimmt.

Tab. 1. Bestimmung des Isotopenverhältnisses von Kupfer mit "peak switching" (MS 702, angewandte Exposition 0,3 nC SEV-Spannung 1,75 kV) Angabe der Meßwerte des Analog-Digital-Wandlers

Messung-Nr.	1. Messung		2. Messung		3. Messung		4. Messung		5. Messung	
	^{63}Cu	^{65}Cu	^{63}Cu	^{65}Cu	^{63}Cu	^{65}Cu	^{63}Cu	^{65}Cu	^{63}Cu	^{65}Cu
1	729	337	859	382	768	352	658	296	647	300
2	722	339	877	390	801	350	698	294	658	296
3	709	344	876	387	808	348	634	293	658	302
4	717	339	870	383	799	355	639	293	634	306
5	711	335	849	382	803	354	648	295	668	308
6	733	333	845	379	789	353	640	298	667	115
7	702	336	847	377	809	350	664	294	648	298
8	705	334	829	378	780	347	654	303	660	294
9	712	334	830	378	798	352	667	300	649	302
10	718	343	837	372	793	354	658	307	662	300
Mittelwert X	715	337	852	381	794	351	651	297	655	302
$\pm\Delta X$ (95%)	7,0	2,7	12,8	3,7	8,8	1,9	7,9	3,4	7,5	4,4
ΔX_{rel}, %	0,9	0,8	1,5	0,9	1,1	0,5	1,2	1,1	1,1	1,4
gem. Häufigkeit	67,96	32,04	69,10	30,90	69,34	30,66	68,67	31,23	68,44	31,55
nat. Häufigkeit (Tabellenwert)					69,17	30,82				

Tab. 2. Meßergebnisse für die Sr-Bestimmung in geologischen Standardproben

Standard	Sr-Gehalt im Standard ppm	Q_T µg	Meßergebnisse, ppm		
			Peak-switching MS 702	Peak-scanning	
				MS 702	MX 3301
GM	133	21,88	140 ± 1,5	143 ± 10	140 ± 12
TB	155	21,88	165 ± 2,5	168 ± 8	164 ± 30
BaH	170[1])	10,94	174 ± 4,0	212 ± 20	212 ± 35
BM	230	21,88	232 ± 5,0	238 ± 10	248 ± 20

[1]) Konzentrationswert noch nicht gesichert

3. Meßergebnisse

Die Bestimmung von Isotopenhäufigkeiten mit Hilfe der Funkenquellen-Massenspektrometrie wurde durch Messungen an Reinstkupferproben mit dem Massenspektrometer MS 702 R untersucht. Die Meßergebnisse von 5 Wiederholungsmessungen sind in Tab. 1 zusammengestellt. Die Mittelwerte für die Isotopenhäufigkeiten aus den 5 Messungen sind für ^{63}Cu = 68,70 ± 0,68% und ^{65}Cu = 31,30 ± 0,68%. Die relativen Standardabweichungen betragen demnach 1% bzw. 2%, und die Richtigkeit im Vergleich zu den Tabellenwerten ist mit einer Abweichung von −0,7% und +1,55% zufriedenstellend. Die Meßergebnisse zeigen, daß die erreichbare Reproduzierbarkeit und Richtigkeit der Isotopenhäufigkeitsbestimmung für eine Isotopenverdünnungsanalyse genügend genau ist, um Analysenergebnisse mit vertretbaren Genauigkeiten zu erreichen. Interessant ist, daß die Isotopenhäufigkeitsbestimmung mit dem photographischen Ionennachweis gleich gute Analysenresultate liefert, wie es bereits früher bei der Isotopenanalyse des Neodyms [9] und Strontiums [1] festgestellt werden konnte.

Die Reproduzierbarkeit von Meßwerten, die mit der Scanning-Methode gewonnen werden, ist um etwa den Faktor zwei bis drei schlechter, was sich aus den Schwankungen der Ionenströme erklären läßt.

Das Analysenverfahren der IVA mit Funkenquellen-Massenspektrometrie wurde zur Bestimmung der Sr-Konzentrationen in verschiedenen geologischen Standardproben angewandt. Die Meßergebnisse, die in Tab. 2 zusammengestellt sind, zeigen, daß bezüglich der Richtigkeit der Meßergebnisse die beiden Methoden vergleichbare Ergebnisse liefern, außer der Sr-Konzentration im BaH-Standard, die beim Scanning-Verfahren signifikant höher liegt. Wesentliche Unterschiede sind in der Reproduzierbarkeit der beiden Methoden und der Geräte zu erkennen. Die niedrigsten Standardabweichungen (etwa 1−2%) liefert erwartungsgemäß das Peak-switching-Verfahren, während für das Scanning-Verfahren Standardabweichungen zwischen 5 und 25% gemessen wurden. Daß die Standardabweichungen der mit dem MX 3301 gemessenen Werte höher sind, resultiert aus dem Fehlen einer Einrichtung zur Funkenstabilisierung, wie sie das MS 702 besitzt. Aber vermutlich auch wegen des großen Einflusses einer inhomogenen Verteilung des Analysenelements in den Probenelektroden, die sich beim Scanning-Verfahren wegen der kurzen Verweilzeit von Bruchteilen einer Sekunde des zu messenden Ionenstromes in der Austrittsspaltebene (Auffänger) besonders bemerkbar macht. Man kann durch eine große Zahl von Durchläufen das Ergebnis bezüglich der Richtigkeit verbessern, aber kaum bezüglich der Standardabweichung.

Gleiche Meßergebnisse wie beim Strontium lieferten Analysen von Seltenen-Erden-Konzentrationen in verschiedenen geologischen Standardproben.

So konnten z. B. die Gehalte von Neodym, Samarium und Europium bis zu 1 ppm herab mit Standardabweichungen von ±10% bestimmt werden. Die Reproduzierbarkeit der Meßergebnisse verschlechtert sich naturgemäß in der Nähe der Nachweisgrenzen des Analysenverfahrens und kann zu Standardabweichungen von 50% und mehr führen. Erhöhte Standardabweichungen ergeben sich auch, wenn die Tracermenge Q_T und das Probenmaterial mit dem Graphit nicht homogen vermischt sind und wenn die Tracermenge Q_T zur zu analysierenden Probenmenge Q_P nicht optimiert worden ist [1]. Die beiden letztgenannten Fehlerquellen wirken sich einschränkend auf das Analysenverfahren aus, so daß die durch die Standardabweichungen der Isotopenhäufigkeitsmessung vorgegebene untere Genauigkeitsgrenze von etwa 2−3% kaum erreicht werden kann.

Die theoretischen Nachweisgrenzen des Analysenverfahrens, die sich aus der Meßgrenze des elektrischen Ionennachweissystems ergeben, können in der Praxis wegen der Instabilitäten des Ionenstroms nicht erreicht werden. Für das Scanning-Verfahren liegen die Erfassungsgrenzen für die verschiedenen Elemente zwischen 0,1 und 1 ppm. Mit dem Peak-switching-Verfahren können Gehalte von größer 100 ppb sicher bestimmt werden. Die Grenzen des isotopenverdünnungsanalytischen Verfahrens liegen aber noch um etwa 1 bis 2 Größenordnungen über denen der „normalen" Funkenquellen-Massenspektrometrie, da sich bei Gehalten im ppb-Bereich der Einfluß einer inhomogenen Verteilung des Tracers im Graphit und zum Probenmaterial bemerkbar macht und zu starken Meßwertschwankungen führen kann.

Die Meßergebnisse zeigen, daß die massenspektrometrische Isotopenverdünnungsanalyse mit Funkenionenquellen etwa gleiche Ergebnisse liefert wie die massenspektrographische. Der Vorteil der massenspektrometrischen Methode liegt in den wesentlich schnelleren Zugriffszeiten zu den Meßergebnissen, als mit dem photographischen Ionennachweis. Schwierigkeiten bereitet jedoch, besonders bei so kompliziert zusammengesetztem Probenmaterial wie dem geologischen, die Orientierung in den Massenspektren, besonders, wenn man Gehalte im ppm-Bereich und darunter messen möchte. Als Orientierungshilfe ist eine photographische Aufnahme des Massenspektrums nützlich. Von Vorteil ist es, die Isotopenverdünnungstechnik mit der normalen massenspektrographischen Übersichtsanalyse zu koppeln, um die Informationsmöglichkeiten der Analyse voll auszuschöpfen.

Die vorliegenden Untersuchungen haben gezeigt, daß die massenspektrometrische Isotopenverdünnungsanalyse mit Funken-Ionenquellen eine wertvolle Ergänzung der spurenanalytischen Möglichkeiten der massenspektrometrischen Technik sein kann, da das Verfahren ohne eine Eichung eingesetzt werden kann, daß aber dem Verfahren durch die z. Z. unbefriedigend gelösten Probleme der Probenpräparation Grenzen im

Hinblick auf sein Nachweisvermögen und die Genauigkeit gesetzt sind.

Eingegangen am 22. 3. 1979

Literatur

[1] *H.-J. Dietze*, Isotopenpraxis 15 (1979) 46
[2] *G. H. Morrison, B. N. Colby*, Anal. Chem. 44 (1972) 1206
[3] *C. W. Hull*, Int. J. Mass Spectrom. Ion Phys. 3 (1969) 293
[4] *C. A. Evans, J. R. Guidononi, F. D. Leipziger*, Appl. Spectroscop. 24 (1970) 85
[5] *R. Schindler*, Z. angew. Geologie 18 (1972) 221
[6] *H.-J. Dietze, K. Freyer, M. Geisler, G. Haase, G. Hartmann, E. Maul, H. Panse*, Gerlands Beiträge Geophysik Leipzig (1976) 497
[7] *R. Brown, P. G. T. Vossen*, Anal. Chem. 42 (1970) 1820
[8] *C. W. Magee*, Thesis, University of Virginia, 1969
[9] *R. A. Bingham, P. G. T. Vossen*, Int. J. Mass Spectrom. Ion Phys. 14 (1974) 259

The Utilization of ^{18}O Labelled Potassium Phosphate in Studies Concerning Fertilizer Phosphorus Assimilation by Plants

D. Axente, M. Abrudean, A. Bâldea, L. Calancea), D. Stroescu*

(Agronomic Institute; [1]) Institute for Isotopic and Molecular Technology[2]))

The utilization of ^{18}O labelled potassium phosphate $KH_2P^{18}O_4$, instead of radiophosphorus, ^{32}P, labelled phosphate in biochemical and ecological studies concerning fertilizer phosphorus assimilation by plants is presented.
The 30–60 mg dry plant samples were heated under 10^{-2} mm Hg vacuum in Pyrex ampoules to form carbon dioxide ($C^{16}O^{18}O$) for ^{18}O mass spectrometric analyses. Potassium phosphate labelled with 1·36 ^{18}O atom per cent is sufficient to obtain a significant increase of the ^{18}O plant content, the added ^{18}O quantity in 0·5 kg soil being $1{\cdot}4 \times 10^{-2}$ g ^{18}O in this case.

(C41) INIS DESCRIPTORS:

carbon dioxide; fertilizers; gramineae; isotope ratio; labelled compounds; mass spectroscopy; oxygen 18; potassium phosphates; pyrolysis; tracer techniques

The investigation of biochemical and ecological problems related to the utilization of phosphate fertilizers is realised by radiophosphorus ^{32}P labelled phosphate which has a too short half-life (14·3 days) [1] to allow longer studies.

In the present work the utilization of stable ^{18}O isotope labelled phosphate fertilizer instead of radiophosphorus is presented. This fact is possible because there is no isotopic exchange between inorganic phosphates and water [2].

Experimental

The experiments have been carried out in culture pots in which 0·5 kg 1:1 mixture of sand and glauconite were introduced to avoid the phosphate fixation by usual soil components, which act in this direction. In these pots ^{18}O labelled potassium phosphate was added in following quantities and isotopic concentrations:

Plant No 1 2·2 g $KH_2P^{18}O_4$, with 1·36 ^{18}O atom per cent
Plant No 2 0·9 g $KH_2P^{18}O_4$, with 0·45 ^{18}O atom per cent
Plant No 3 0·3 g $KH_2P^{18}O_4$, with 0·45 ^{18}O atom per cent

In a previous communication [3] from this laboratory the ^{18}O labelled potassium phosphate ($KH_2P^{18}O_4$) synthesis and the chemical treatment for ^{18}O isotopic analysis are described.

The added labelled phosphate quantities are relatively greater than usual in order to obtain a measurable increase of the ^{18}O plant content.

The same procedure was utilized for the Plant No 4, grown in a pot without ^{18}O phosphate.

Lolium multiphlorum was sowed and after about 14 days the plants were harvested at the soil surface and subjected to isotopic analyses in the following way. Samples containing 30 to 60 mg of dry plant (3 h at 100 °C) were introduced into 10 cc Pyrex glass ampoules fitted with a break-off tip and a sealing constriction (a) Fig. 1. The ampoules were evacuated to about 10^{-2} mm Hg and sealed-off. Next they were heated at 230–250 °C for 3 h in an electric furnace. The ampoule (a) was introduced in the ampoule (c), cooled at –74 °C with a dry-ice bath and opened on the vacuum line (Fig. 1). The formed gas was frozen by liquid nitrogen into a second ampoule (b) of the same type. The cooling was required to avoid the introduction of water and other condensable products of the first pyrolysis into ampoule (b).

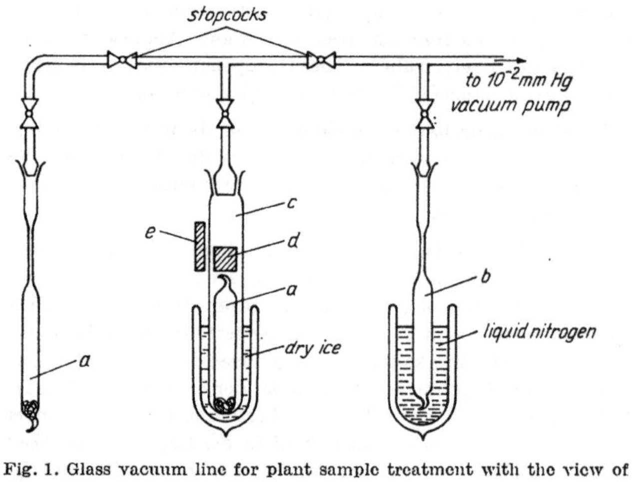

Fig. 1. Glass vacuum line for plant sample treatment with the view of ^{18}O mass spectrometric analysis
(a), (b) – Pyrex glass ampoule for plant sample; (c) – Pyrex glass ampoule; (d) – Magnetic steel piece; (e) – Permanent magnet

Gaseous mixture formed in (a) contains carbon dioxide, carbon monoxide, methane, ethane, other hydrocarbons, phosphines etc., as analysed by Varian Mat 311 mass spectrometer. This

Adresses: [1]) 3400 Cluj-Napoca, Romania; [2]) 3400 Cluj-Napoca, P. O. Box 243, Romania indicates that at 230—250 °C organic compounds with phosphorus from plants [4] (phosphatides, phosphoprotides, phosphate esters, etc.) are reduced to CO_2, CO, hydrocarbons, etc. The CO_2 quantity obtained in this way was sufficient for isotopic analyses of oxygen, utilizing the peaks 44 and 46 of $^{12}C^{16}O^{16}O$ and $^{12}C^{16}O^{18}O$ molecular ions. For isotopic analysis the non-condensable gases (carbon monoxide, nitrogen and methane) from pyrolysis mixture were pumped off after cooling the ampoule (b). The gas introduced into mass spectrometer was carbon dioxide purified by distillation. All isotopic analyses from this work were carried out by Atlas M-86 mass spectrometer.

The solid residue formed in the first pyrolysis was sealed in another ampoule under 10^{-2} mm Hg and heated for 3 h at 550—600 °C (second pyrolysis). The gaseous mixture containing carbon dioxide, carbon monoxide, hydrocarbons, etc., was chemically and isotopically analysed in the same way as described before. Since gaseous sample contains other compounds (except carbon dioxide) which give 44 and 46 ions, in the mass spectrometer was introduced only distilled carbon dioxide.

Results and discussion

A selected summary of our analytical results are presented in Tab. 1. The experiment was repeated for Plant No 5 grown on natural soil with usual phosphorus content in which 0·957 g 0·45 ^{18}O atom per cent phosphate was added prior to sowing.

A silica ampoule containing the solid residue formed in the second pyrolysis of Plant No 5 was sealed off under 10^{-2} mm Hg vacuum and was heated for 4.5 h at 820 °C (third pyrolysis). The gaseous mixture containing more than 90 per cent carbon monoxide was isotopicaly analysed. The ^{18}O content was determined both on carbon monoxide and carbon dioxide. The results are presented in Tab. 2.

After plants croping, in culture pots 1 and 3 were sowed again the same plant without any addition of labelled phosphate. The new plants (No 1′ and 3′) were analysed after 14 days, the results are given in Tab. 3.

Tab. 1. ^{18}O content of carbon dioxide obtained in the first and the second pyrolysis of plants No 1—4

Plant No	^{18}O content, %	
	First Pyrolysis 230—250 °C	Second Pyrolysis 550—600 °C
1	0·273	0·230
	0·287	0·230
	0·288	0·231
	0·278	0·232
	0·271	0·238
2	0·257	0·213
	0·256	0·215
	—	0·213
	—	0·218
3	0·238	0·204
	0·239	0·204
	—	0·204
	—	0·204
4	0·211	0·204
	0·213	0·205
	0·215	0·205
	0·220	0·203

Tab. 2. ^{18}O content of carbon dioxide obtained in the first, the second and the third pyrolysis of plant No 5

^{18}O content, %		
First Pyrolysis 230—250 °C	Second Pyrolysis 550—600 °C	Third Pyrolysis 820 °C
0·221	0·221	0·211
0·221	0·239	0·211
0·223	0·217	0·222
0·220	0·220	0·212
0·219	0·208	—
0·217	0·206	—

Tab. 3. ^{18}O content of carbon dioxide obtained in the first and the second pyrolysis of plant No 1′ and 3′

Plant No	^{18}O content, %	
	First Pyrolysis 230—250 °C	Second Pyrolysis 550—600 °C
1′	0·226	0·203
	0·225	0·204
	0·226	0·203
	0·226	0·203
	0·231	0·203
	0·231	0·202
	0·240	0·204
	0·235	0·206
	0·228	0·202
	0·233	0·204
3′	0·207	0·204
	0·209	0·203
	0·221	0·204
	0·230	0·203
	0·204	0·204

The statistic calculated data of the isotopic analyses for the plants No 1 to 4 versus added phosphate and ^{18}O soil content are presented in Tab. 4. As is observed from Tab. 4 (Plant No 1) for utilization of ^{18}O labelled phosphate in the biochemical and ecological studies it is necessary to utilize a 5—6 times natural abundance (0·204 ^{18}O atom per cent) labelled phosphate. Labelling at about two times natural abundance (Tab. 4, Plant No 2 and 3) allowed to observe ^{18}O concentrations greater than 0·204, but values are too close of isotopic natural abundance.

A quantity of 30—60 mg dry plant was sufficient for ^{18}O isotopic analyses on carbon dioxide formed in the first pyrolysis. The peak 44 has been measured on 3 volts sensibility scale, the mass spectrometer Atlas M-86 having a maximum sensibility scale of 0·01 volts and an accuracy of minimum 1 per cent.

For plant routine isotopic analyses the second pyrolysis is not necessary because the most $C^{18}O^{16}O$ is obtained from the first pyrolysis (Tab. 1).

There is an important variation of ^{18}O isotopic concentrations versus quantity of added phosphate (Tab. 1—4). The isotopic concentration of the carbon dioxide formed in the first pyrolysis of plant No 4 (grown in the soil without labelled phosphate) was greater than natural abundance because of thermodynamic isotopic effect of the isotopic exchange between carbon dioxide

Tab. 4. ^{18}O content of carbon dioxide obtained in the first pyrolysis of plant No 1—3 and 1', 3', versus the labelled phosphate and ^{18}O quantities added in soil

Plant No.	$KH_2P^{18}O_4$ Quantity added in soil g	^{18}O Concentration of $KH_2P^{18}O_4$ %	^{18}O Quantity added in soil g	^{18}O Content %
1	2·2	1·36	1.4×10^{-2}	0.2794 ± 0.0097
2	0·9	0·45	1.9×10^{-3}	0.2565 ± 0.0063
3	0·3	0·45	6.3×10^{-4}	0.2385 ± 0.0065
1'	0·9*	1·36	1.4×10^{-2}*	0.2301 ± 0.0031
3'	0·3*	0·45	6.3×10^{-4}*	0.2115 ± 0.0101

* The ^{18}O labelled phosphate was added in soil prior to the first harvest (see text).

and water from the first pyrolysis:

$$C^{16}O^{16}O + H_2{}^{18}O \rightleftharpoons C^{16}O^{18}O + H_2{}^{16}O$$

with an elemental separation factor [5] $\alpha = 1.041 \pm 0.0003$ at 25 °C. This equilibrium is established in all ampoules in the first pyrolysis.

The small quantity of ^{18}O added for the plant No 3 (Tab. 1, 6.3×10^{-4} g) and the isotopic dilution with natural abundance oxygen from the plant give a carbon dioxide of natural abundance from the first pyrolysis. The results obtained on carbon dioxide from the third pyrolysis at 820 °C (Tab. 2) have had practically the same value with those obtained at 550—600 °C.

The described method for plant samples treatment is based on the reaction of plant carbon with oxygen from ^{18}O labelled phosphates, which give carbon dioxide, the most utilized gas [6] for ^{18}O isotopic analysis. The carbon is obtained "in situ" by vacuum pyrolysis of plant in Pyrex cleaned and dried ampoules to avoid any impurification of samples with oxygen from other sources.

Received April 11, 1979.

References

[1] *H. H. Rolfe*, Inorganic isotopic syntheses, *W. A. Benjamin*, Inc., New York 1962

[2] *R. V. Teys, T. S. Gromova, S. N. Kochetkova*, Doklad. Akad. Nauk S.S.S.R. **126** (1958) 1057

[3] *A. Băldea, D. Axente, M. Abrudean, D. Stroescu*, Rev. Chim. **29** (1978) 420

[4] *H. Gobind Korama*, Some recent developments in the chemistry of phosphate esters of biological interest. John Wiley and Sons, Inc., New York, London 1961

[5] *M. Majzoub*, J. Chim. Phys. **63** (1966) 563

[6] *H. Simon*, The measurement of the radioactive and stable isotopes, Springer Verlag, Berlin, Heidelberg, New York, 1974

Air Pollution Measurements by Means of a Beta Gauge

M. Salmi[1]), *I. Allegrini*[2])

([1]) Dipartimento di Fisica, Università della Calabria; [2]) Laboratorio Inquinamento Atmosferico del CNR, Roma)

In this paper an evaluation about the performances of a beta gauge for air pollution monitoring developed by the authors has been worked out. The apparatus is quite interesting for airborne particulate measurements, and it seems to be useful in several other applications in the field of environmental sciences.

(D22, B33) INIS DESCRIPTORS:

absorption; aerosols; air filters; air pollution; carbon 14; Geiger-Mueller counters; particles; performance; radiometric gages; thickness gages; transmission

Introduction

Most of regulatory guidelines on air pollution by particulate matter comply with the gravimetric method where the physical observable is the content of particles in a unit volume of air, in µg/m³. Usually the measurement is easily performed by collecting particles on a suitable filter and the concentration calculated by weighing the filter before and after sampling.

Although the gravimetric method is widely used because of its simplicity, nevertheless it has definite limitations, mostly concerning with the manuality of the procedure. Such limitations may be avoided if a beta ray gauge is used in order to measure the mass of particles deposited on filters.

As well known, a low energy beta ray beam is attenuated by a medium according to an exponential law:

$$I/I_0 = \exp(-\mu x) \qquad (1)$$

where x is the thickness (in mg/cm³) and μ the mass absorption coefficient which can be expressed as $\mu = \cdot 022\ E^{-4/3}$ with E the maximum energy of beta rays (MeV).

Thus, by measuring beta ray transmittance of a particle loaded filter it is possible to determine x and hence the amount of dust collected on filter.

[1]) Address: Arcavacata dic Rende, 87 030, Cosenza, Italia

The purpose of the present work is the evaluation of a novel device for air pollution measurements, developed by S.E.A. srl, Roma, and based on beta ray absorption.

The apparatus was intended for the measurement of particulate matter collected on filters in such a way that sampling parameters, as flow rate and filter media, may be choosen according to the present regulations.

Furthermore, only one apparatus can serve a large number of sampling trains in order to employ a limited investment for monitoring large areas. In addition, by taking advantage of its sensitivity, it may be used to evaluate deposits obtained by dichotomous samplers, which collect particles according to their aerodynamic size.

Instrumentation

The block diagram of the beta gauge is outlined in Fig. 1. A ^{14}C radioisotopic source ($\sim 100\ \mu Ci/cm^2$) is employed as beta generator. Detection is performed by a *Geiger-Müller* counter with a very low dead time. A slot, machined between source and counter, carries the filter being measured. A switch selectable timer, providing a preset counting interval, enables the counting circuit whose output is displayed on a four decades digital readout.

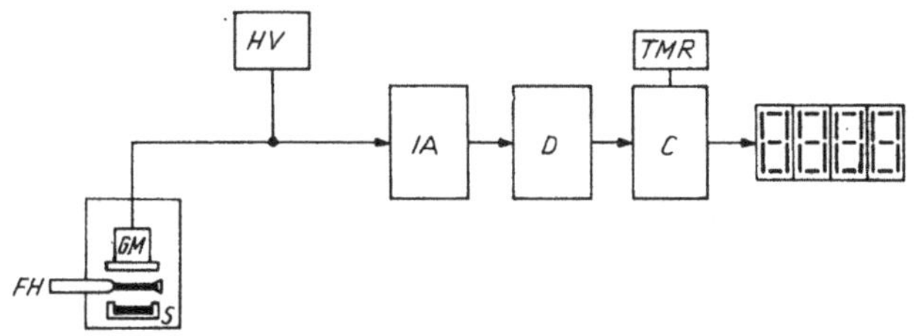

Fig. 1. Block schematic diagram of the apparatus
S – source; FH – filter holder; GM – counter; HV – high voltage supply; IA – impedance adapter; D – discriminator; C – counting circuit; TMR – timer

The unit has a dead time of about 10 µs, which allows a 3 kHz mean counting frequency with a counting losses level of about 3%.

Tests of the apparatus have been performed with the aid of artificially generated aerosols, which were prepared by spraying dilute solutions of several organic and inorganic compounds. A laser light scattering method was used for particle sizing. Care was taken in order to get particles of a size comparable with the ones of airborne particulate.

Results and Discussion

The sensitivity of the device may be "a priori" evaluated in terms of minimum detectable concentration C_{min} (µg/m³).

According to the *Poisson* distribution, it can be shown that:

$$C_{min} = 5{\cdot}99\ d^2/TQ(tf)^{1/2} \quad (2)$$

where d is the filter diameter, cm
T is the sampling time, min
Q is the sampling flow rate, l/min
t is the counting interval, s
f is the mean counting rate, s^{-1}

By substituting in (2) our experimental parameters, a C_{min} as little as 50 µg/m³ may be obtained. That is the mass concentration in a very clean atmosphere, and hence the apparatus can be used either in open atmospheres or in working sites.

A preliminary test was done by comparing a series of polycarbonate (Nucleopore) and acetate (Millipore) filters. The former yields an higher counting rate, and the standard deviation for each series is similar to that expected by the Poisson distribution.

The effect of different chemical species on the response of beta gauge has been evaluated by means of artificial aerosols. Results are given in Tab. 1, where the coefficient μ is shown for several materials. As expected the largest values are typical of organic compounds which have a low M/Z ratio. Thus, unless the aerosol contains a large amount of organic material (60% or more) the errors due to different chemical composition is largely less than statistical errors. These are less than 8%, a value more than adequate for pollution monitoring.

Tab. 1. Mass absorption coefficient for several aerosolic materials as measured by means of beta gauge

nature of particulate	μ, cm²/mg
a — cement dust	0·277
b — rodhamine	0·267
c — ammonium fluoride	0·270
d — potassium iodide	0·277
e — diacetil dioxine	0·308
f — lubricating oil	0·304
g — ambient aerosol	0·263
mean (a, b, c, d, g)	0·271

The effect of aerosol size distribution was evaluated by preparing aerosols whose diameter ranges between ·2 and 1·2 µm. As expected changes on size distribution do not induce different responses.

The apparatus, as discussed before, was mainly intended as a portable microbalance for "on the spot" measurement of gravimetric concentration of particulate matter. Aerosols are collected on filters whose beta transmittance has been previously measured. After collection the filters are stored in a dessicater and measured once again. From eq. (1) the mass concentration is determined.

A comparison with the gravimetric method was performed over a long period of time. As an example Fig. 2 shows the daily trend of particulate matter measured in the laboratory location

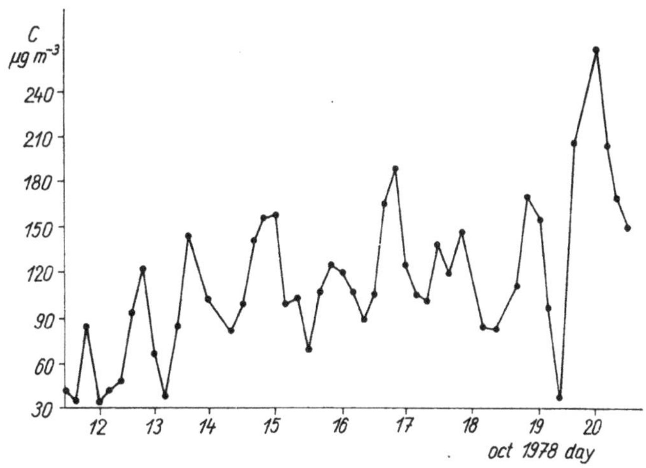

Fig. 2. Total suspended particulate matter profile C (µg/m³) as measured by means of beta gauge

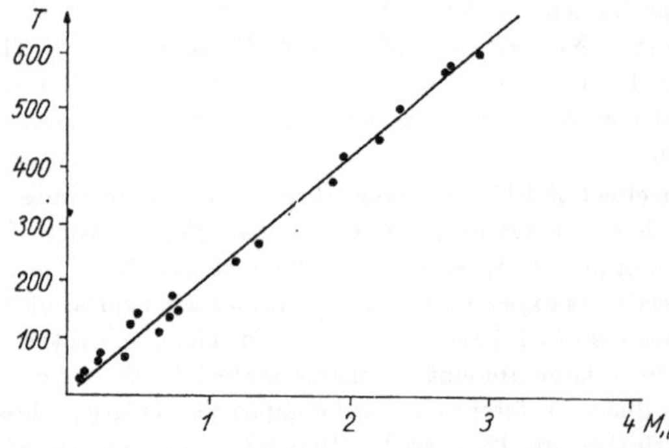

Fig. 3. Mass of deposit vs. beta ray absorption ($I_0 - I$) and regression line

at a frequency of 6 d^{-1}. Maxima and minima are referred to atmospheric instabilities. It should be noted that the sampling location is in a semirural area, pointing out the effectiveness of the apparatus in tracking even small pollution epysodes.

Correlation of gravimetric method and beta ray gauge is given in Fig. 3. The calculated correlation coefficient was ·988, with an extimated standard deviation of 5%.

Conclusion

Although the apparatus has been proved to be very effective in measuring total suspended particulate matter, it may be used for a large variety of tests on pollution.

As an example it has been used for the measurement of the optical constant of particles, which is an indication of the elemental carbon content.

A "humidogram", i.e. a plot of accumulated mass against relative humidity, may be easily done with the beta gauge, gaining useful information concerning with the presence of sulphates.

In addition it has been proved very effective in reduction of data from dichotomous samplers, thus foreseeing a great number of application in environmental sciences.

Improvements of the device concerning with the use of silicon detectors in order to obtain better sensitivites are now on the way.

Received April 11, 1979

References

[1] *J. S. Nader, D. R. Allen,* Amer. Ind. Hyg. Assoc. J. **21** (1960) 300
[2] *T. G. Daubay, R. K. Stevens,* Env. Sci. Tech. **9** (1975) 663
[3] *C. Mancini, M. Salmi,* private communication
[4] *C. C. Gravatt, I. Allegrini,* Proc. 3rd International Clean Air Congress 1973
[5] *J. D. Lindberg, D. G. Snyder,* Appl. Optics **12** (1973) 573

The Construction of an Apparatus for the Evaluation of Abrasive Properties of Dentifrice Using Radioisotopes

R. Bocian, St. Magas[1]), *E. Wall*

(Politechnika Poznańska, Instytut Mechaniki Technicznej, Instytut Chemii Podstawowej)

Construction of an original apparatus (brushing machine) designed to test the abrasiveness of dentifrice is described. The principle of the procedure employed consists in neutron activation of a human tooth subsequently brushed with the dentifrice under study in standard conditions. The radioactivity level of the dentifrice indicates the relative degree of its abrasive properties.
The design of the apparatus meets the radiation safety requirements. Its working parameters crucial to the wearing process (i.e. the pressure applied to the tooth specimen, the total number, frequency and amplitude of the brushing strokes) can be programmed precisely.

(C31) INIS DESCRIPTORS:

abrasion; abrasives; laboratory equipment; phosphorus 32; radioactivation; specifications; teeth; tracer techniques

The possibility of evaluation of the abrasiveness of the particular dentrifrices is eesential to the standardization efforts, tending to specify the standard requirements for oral cosmetics. Because of the low degree of abrasiveness of the dentifrices it is impractical to employ any direct measurement method. Therefore it has already been proposed by several authors [1—3] to evaluate abrasiveness using comparative figures only, based upon highly sensitive radiotracer methods.

The principle of the testing procedure consits in the activation of a human tooth specimen with neutrons in a nuclear reactor with subsequent brushing of the specimen using the dentifrice under study in standard conditions. Radioactive isotopes produced by neutrons acting into the bone tissue atoms (mainly ^{32}P) are then being abraded by the brush and transferred into the dentifrice slurry. The radioactivity level of that slurry reveals the relative degree of the abrasive power of the dentifrice.

To make the measurements described above we had to construct an apparatus making it possible to brush the radioactive tooth in strictly controlled conditions, while observing radiation safety rules.

The tooth specimen is mounted in a interchangeable holder, being placed in a perspex chamber, where the specimen is subjected to brushing. The specimen itself is embedded in epoxyresin on a cylindrical plastic support fitted in a bore-hole.

The design of the brushing machine ought to make it possible to preset the number of brushing strokes up to several tens of thousands, the frequency of strokes from 100 to 400 cycles per minute, and allow to regulate the pressure exerted upon the tooth from 100 to 300 grams.

[1]) Address for correspondence: Institute of General Chemistry, Technical University of Poznań, Piotrowo 3, 60-965 Poznań, Poland

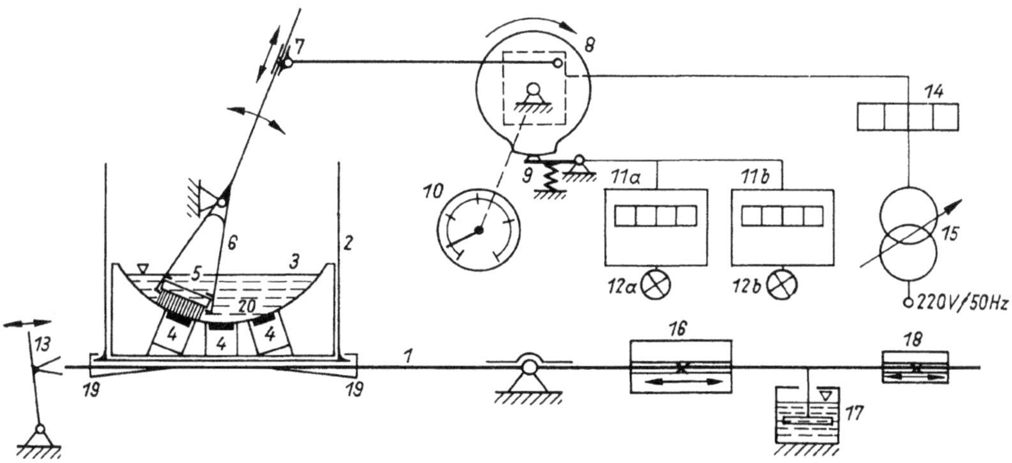

Fig. 1. Scheme of the brushing apparatus. Explanation of details is given in the text

The apparatus ought also to be equipped with a registering counter indicating the total number of the brushing movements having been applied to the given tooth.

Regarding the requirements described above as a basis, we have drafted and constructed an original device, the scheme of which is given in Fig. 1.

Its work may be described as follows:

A tight container (2) is attached by two catches (19) to one arm of a weigh-beam (1), being supported by an axle at its central point. The tooth-specimen holder (3), containing three cylindrical supports (4) with mounted specimens (20) is placed inside the container (2). This container is made of fairly thick (8 mm) perspex, which absorbs all the beta-particles emitted by ^{32}P. It may easily be removed from the catches and dismantled for thorough cleaning.

The brush holder (6), together with a tooth-brush head (5) is attached to the driving axle, which drives the brush with reciprocating strokes on the concave, circle-shaped upper surface of the specimen holder (3). The brush may easily be replaced by another one owing to the elastic arms of the brush holder (6).

The brush-driving gear consits of an electric motor (8) with a crank-shaft. Sliding bearing (7) allows to adjust the amplitude of the brushing movement within a 20 to 80 mm range.

The weigh-beam (1) together with the container (2) and sliding weights (16) and (18), constitute a doublearm lever permitting to control the pressure exerted by the container and the tooth specimens upon the brush. The sliding weight (16) regulates the pressure applied from 100 to 300 g, while the (18) one serves as an adjustable tare. The hydraulic damper (17), connected with the weigh-beam, prevents any vibrations that might occur during the brushing. The holder (13) blocks the lever to avoid damage to the balance system when the container has to be removed, or the pressure load — readjusted.

The frequency of the brushing strokes is controlled within 70—400 cycles per minute by a adjustible transformer (15). The desired number of strokes may be preset with the help of a counter (11a) which, in turn, is controlled by a circuit-breaker (9). These two controls stop the brushing and turn on the signal light (12a) when the preset number of strokes is reached.

The counter (11b) counts the total number of brushing strokes, irrespective of the number of performed tests (measurements). This counter may also be preset, as above; the control light (12b) is switched on when the desired total number of strokes per tooth specimen has been done. The apparatus may be turned on, or off, and the displays-reset, by switches (14).

All the controlling elements (excluding the amplitude setting, which is placed on the rear panel) are placed on the front panel made of metal and plastics. The dimensions of the apparatus, shown in Fig. 2, are as follows: 520 mm × 260 mm × 200 mm. It weighs 10 kg and is powered by 220 V/50 Hz, 25 VA alternating current.

Fig. 2. Photograph of the front panel of the brushing apparatus

As compared with the British brushing machine [2] our apparatus has two significant advantages. The first one consists in the different movements of the brush which runs on a circular concave and not a flat surface. Owing to this, the dentifrice slurry always runs downwards to the bottom onto the tooth specimen, which is not possible when the brushing is performed on a flat surface. In the latter case most of the dentifrice is taken away from the tooth and accumulated at the ends of the brush chamber. The second advantage of our apparatus lies in the application of a hydraulic damper to eliminate vibrations produced by the reciprocating movement of an elastic brush.

By constructing this apparatus we made the first step towards further investigations of the abrasive properties of dentifrices. The next efforts, consisting in the elaboration of a detailed methodology for the determination of abrasiveness, will be described in a separate paper.

Received March 30, 1979

The investigations describe above were conducted in cooperation with the Institute of Dentistry, Medical School in Poznań, and supported by a grant from the Cosmetics Factory "Pollena-Lechia", Poznań, Poland.

References

[1] *R. J. Grabenstetter, R. W. Broge, F. L. Jackson, A. W. Radike,* J. Dent. Res., 37 (1958) 1060

[2] *J. J. Hefferren,* J. Dent. Res., 55 (1976) 563

[3] Specification for Toothpastes, BS 5136, British Standardts Institution, London, Sept. 1974

Радиоактивные криптонаты амальгам III.

Анализ водных растворов с использованием радиоактивных криптонатов амальгам

Ю. Тельдеши, П. Диллингер, Т. Диллингерова

(Химико-технологический факультет Словацкого политехнического института в Братиславе) [1]

Радиоактивный криптонат амальгам кадмия использовался в качестве „реагента" в радио-релиз методах. Приводится окислительно-восстановительное титрационное определение аскорбиновой кислоты титрованным раствором и определение концентрации растворов методом калибровочной кривой.

(B11) INIS DESCRIPTORS:

aqueous solutions; ascorbic acid; cadmium alloys; iron chlorides; krypton 85; krypton compounds; mercury alloys; quantity ratio; radio-release analysis; reduction; titration

В наших предыдущих работах было описано приготовление и изучение свойств радиоактивных криптонатов амальгам кадмия [1, 2]. В настоящей работе приводятся два примера аналитического использования этой группы веществ.

Жидкие амальгамы уже давно используются для восстановления в химическом анализе. Реакция

$$\mathrm{Ox} + \mathrm{M(Hg)_x} \rightleftharpoons \mathrm{Red} + \mathrm{M^{n+}} + \mathrm{x\,Hg}$$

описывает протекание восстановления амальгамой, где Ox — ион с более высокой степенью окисления, присутствующий в растворе, или же органическое вещество, содержащее восстанавливающуюся функциональную группу; $M(Hg)_x$ — амальгама металла M; Red-компонент, образующийся из Ox, и M^{n+}-ион металла, выделяющийся из амальгамы в результате ее реакции с Ox.

Исходя из этой реакции, для определения Ox существуют различные возможности. Можно измерять концентрацию M в амальгаме до восстановления и после восстановления, но это определение осуществляется довольно сложно.

Вторая возможность — это определение образующегося Red-компонента. Таким образом можно определить после восстановления Fe(III), Sn(IV), Mo(VI), хроматы и другие ионы титрованием окисляющим титрованным раствором [3, 4]. *Лобунец* и *Пери* [5] определили амальгамным методом органические интросоединения и образующийся амин определяли броматометрически.

Дальнейшим вариантом является определение образующегося иона металла M^{n+}. Этот вариант внервые был предложен *Тананаевым* и *Девиташвили* [6, 7]. Ионы Fe^{3+}, Sn^{6+}, Hg^{2+}, Hg_2^{2+}, Sb^{5+}, Sb^{3+}, As^{5+}, As^{3+}, Pb^{2+}, Ag^{+} и другие восстанавливали жидкой амальгамой олова. Когда определяемый ион восстанавливается до нульвалентного, освобождаемые эквивалентные ионы можно титровать титрованным раствором бихромата калия. Если ион восстанавливается только до более низких степеней окисления, оба иона можно определять оксидометрическим методом. Это относится к тому случаю, когда используются амальгамы олова. Ионы, образующиеся из амальгам цинка, висмута и кадмия, могут определяться также комплексометрическим методом [8, 9].

На основе этих работ было предложено]10[при амальгамно-восстановительных реакциях метить ион металла, образующий амальгаму, его радиоактивным изотопом. Эту задачу можно решить двумя вариантами:

1) Прямым радиометрическим определением неорганических или органических окисляющих компонентов, где определяемое вещество встряхивается с радиоактивной амальгамой и потом измеряется активность раствора или амальгамы.

2) Использованием амальгамы в качестве индикатора при двухфазных титрованиях восстанавливающихся реагентов окислительными титрованными растворами. Когда восстанавливающийся компонент титруется окислительным титрованным раствором в присутствии радиоактивной амальгамы и окислительно-восстан овительная пара выбрана таким образом, что титрованный раствор сначала окисляет определяемый восстанавливающийся компонент и только потом вступает в реакцию с амальгамой, потом эквивалентную точку определяет появление радиоактивных ионов металла в растворе.

Таким образом, в ходе титрования до достижения эквивалентной точки активность раствора низка и имеет постоянное значение. После достижения эквивалентной точки активность пропорционально увеличивается с количеством прибавляемого титрованного раствора. Этим методом *Браун* [10] титровал аскорбиновую кислоту титрованным раствором Fe^{3+}, используя амальгамы цинка и кадмия, меченые цинком-65 и кадмием-114 соответственно.

В наших работах мы изучали возможность аналитического использования радиоактивных криптонатов амальгам при аналогичных определениях.

Окислительно-восстановительные титрования с использованием радиоактивных криптонатов амальгам

В основе окислительно-восстановительных титрований с применением радиоактивных криптонатов амальгам

[1]) Адрес: ČSSR, 880 37 Bratislava, Jánska 1

лежит реакция

$$Ox_2 + M(Hg)_x[^{85}Kr] \rightarrow Red_2 + M^{n+} + x\,Hg + {}^{85}Kr \uparrow$$

где Ox_2-ион в более высокой степени окисления, активная составляющая титрованного раствора,

$M(Hg)_x[^{85}Kr]$ — радиоактивный криптонат амальгамы металла, Red_2 — компонент, образующийся из Ox_2,

M^{n+} — ион металла, образующийся при реакции компонента Ox_2 с амальгамой.

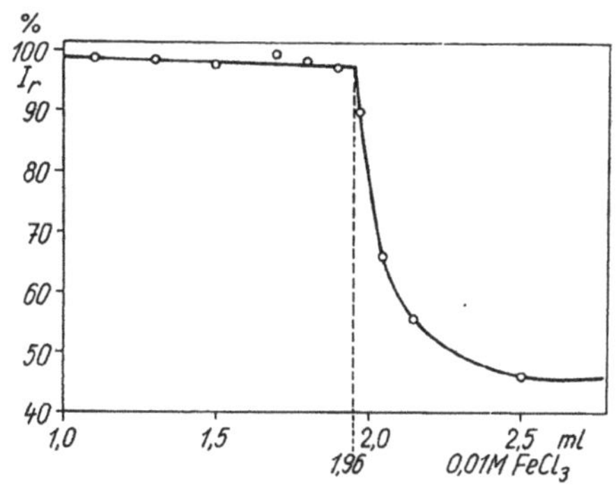

Рис. 1

При титровании активность амальгамы до достижения эквивалентной точки не изменяется и после эквивалентной точки в результате освобождения криптона-85 резко понижается. На рис. 1 в качестве примера приводится кривая титрования аскорбиновой кислоты титрованным раствором хлористого железа. В этом случае осуществлялось прерывное титрование с измерением остаточной активности криптоната кадмиевой амальгамы, *p*H раствора устанавливалось на 4,5 0,2 M раствором уксусной кислоты и 0,2 M раствором уксуснокислого натрия. После каждого прибавления титрованного раствора титруемый раствор перемешивался и потом на 60 секунд в него погружался криптонат амальгамы кадмия. После высушивания активность криптоната измерялась 2 раза в течение 60 секунд. Кривая титрования представляет из себя зависимость $I_{отн}$(в %) от объема прибавленного титрованного раствора. Эквивалентная точка на кривой титрования выступает в виде резкого излома.

Прямое определение веществ с помощью радиоактивных криптонатов амальгам

Радиоактивные криптонаты амальгам можно использовать также для прямого определения веществ методом калибровочной кривой.

При прямом радиометрическом определении радиоактивный криптонат амальгамы встряхивается с раствором определяемого вещества и измеряется понижение активности радиоактивного криптоната после его отделения от водной фазы. Используя калибровочную кривую, которая строится на основе значений, полученных для различных количеств определяемого вещества, из процентного понижения относительной активности радиоактивного криптоната определяется содержание определяемого вещества в исследуемом растворе. На рис. 2 приводится калибровочная кривая для определения содержания хлористого железа в растворе с использованием радиоактивного криптоната амальгамы кадмия.

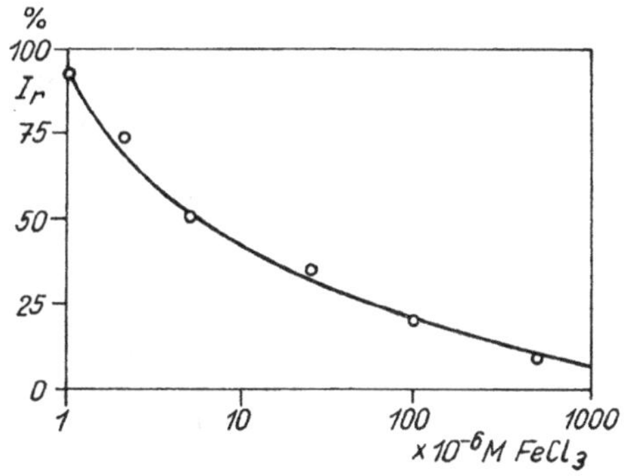

Рис. 2

Эти примеры свидетельствуют о том, что радиоактивные криптонаты амальгам могут успешно применяться для анализа водных растворов веществ окислительного или восстановительного характера.

Поступила в редакцию 25/IV, 1979 г

Литература

[1] *P. Dillinger, J. Tölgyessy, P. Lukáč*, Isotopenpraxis 10 (1974) 293

[2] *P. Dillinger, J. Tölgyessy, T. Dillingerová*, Isotopenpraxis 15 (1979) 322

[3] *W. I. Stephen*, Ind. Chem. 31 (1933) 79, 128, 169

[4] *E. Brennecke*, Neuere massenanalytische Methoden, F. Enke, Stuttgart 1951, S. 180

[5] *M. M. Lobunetz, M. I. Perie*, Univ. etat. Kijev, Bull. Sci., Rec. chim. 2 (1936) Nr. 2, S. 69

[6] *I. Tananaev, E. Devitasvili*, Bull. Acad. Sci. U.R.S.S. Sci. Chim. (1937) 1397

[7] *I. Tananaev, E. Devitasvili*, Z. Anal. Chem. (1936) 107, 175

[8] *P. Wehber*, Mikrochim. Acta (1955) 911

[9] *W. G. Scribner, Ch. N. Reilley*, Anal. Chem. 30 (1958) 1452

[10] *T. Braun*, Dissertation, Eötvös Loránd Tudományegyetem, Budapest, 1966

Kurze Originalarbeiten

Zur emissionsspektrometrischen ^{15}N-Analyse mit dem NOI-5

K. Mauersberger

(Zentralinstitut für Isotopen- und Strahlenforschung der Akademie der Wissenschaften der DDR, Leipzig)[1])

(B11) INIS DESCRIPTORS:

adsorption; emission spectroscopy; ionization; isotope ratio; microanalysis; molecular sieves; nitrogen 15; oxidation; sample preparation; trace amounts

Die ^{15}N-Bestimmung mit dem Gerät NOI-5 des VEB Statron, Fürstenwalde, wird seit der bekannten Publikation von *Faust* [1] von zahlreichen Autoren mit einer Probenmenge von 10 μg N ausgeführt, so daß man von einem bewährten Standardverfahren sprechen kann. Andererseits führen die neueren Arbeitsrichtungen der ^{15}N-Tracertechnik in Biologie, Medizin und Landwirtschaft in zunehmendem Maße zur Forderung nach kleineren Probemengen für die ^{15}N-Analyse. Wenn auch das Problem bereits verschiedentlich bearbeitet wurde [2–5], so bringt eine kleinere Probenmenge doch eine kompliziertere Probenvorbereitung, den Einsatz von Quarzglas u. ä. mit sich. Wie im folgenden beschrieben, kann die für eine Isotopenanalyse am NOI-5 erforderliche Probenmenge durch nur geringfügige Änderungen des Standardverfahrens noch erheblich gesenkt werden. Als wesentlich wurde angesehen, daß die kommerziell erhältlichen Standard-Gasentladungsrohre auch für die verringerte Probenmenge verwendbar sein sollten, während der Einsatz von Quarzglas aus ökonomischen Gründen nicht in Betracht kommt.

Beim Arbeiten mit sehr geringen N_2-Mengen ist die Reinheit des Meßgases besonders wichtig. Da mit der Verwendung von Molekularsieb zur Adsorption der Nebenprodukte der *Dumas*-Verbrennung hinsichtlich Intensität und Stabilität der HF-Entladung gute Erfolge erzielt wurden [6], wurde diese Methode nach nochmaliger Testung übernommen.

Das Volumen des Entladungsrohres sollte, ausgehend von den Standard-Gasentladungsrohren, möglichst klein gehalten werden. Diese Forderung wird dadurch eingeschränkt, daß sich die Reagenzien CuO und Molsieb genügend weit von der HF-Entladungsstrecke entfernt befinden müssen, um eine Desorption von Störkomponenten bei erhöhter Temperatur zu vermeiden. Ein Kompromiß wurde mit der Verkürzung der kommerziellen Entladungsrohre erreicht, wodurch die im folgenden als Halbmikrorohr bezeichnete Variante entsteht (Abb. 1). Am Standard-Entladungsrohr wird vor der Verarbeitung etwa 1 cm oberhalb der Entladungskapillare eine zum späteren Abschmelzen bestimmte Verengung sowie wahlweise eine Schliffhülse NS 7,5 angebracht. Die Reagenzien und nach dem Ausheizen auch die Substanzkapillare fallen in den unteren Teil des Rohres, wo sie bis zum Meßvorgang verbleiben. Auf diese Weise hält man die Reagenzien, ohne Verschmutzungen der Entladungskapillare herbeizuführen, außerhalb des erwärmten Bereiches. Während der Messung am NOI-5 wird der verkürzte „Kopf" des Entladungsrohres mittels eines konisch ausgedrehten, 8 mm dicken und 10 mm langen Metallzylinders fixiert.

Zur Verringerung der Menge des parasitären Stickstoffs im Entladungsrohr war das am besten geeignete Molekularsieb zu

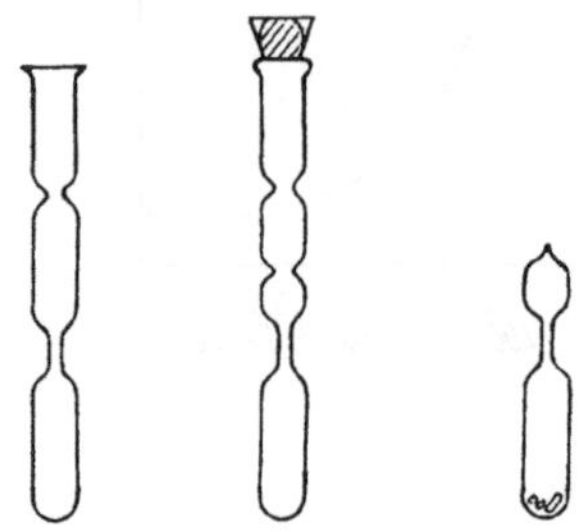

a b c

Abb. 1. Formen der Entladungsröhrchen

a – Standard-Gasentladungsrohr; b – vorbereitetes Halbmikro-Gasentladungsrohr; c – abgeschmolzenes Halbmikro-Gasentladungsrohr

finden und dessen Menge ebenso wie die CuO-Gabe zu optimieren.

Das einzusetzende Molekularsieb soll H_2O, HCl und gegebenenfalls auch CO_2 möglichst gut, jedoch N_2 möglichst wenig binden. Es ist bekannt [7], daß bei 195 K N_2 von Molsieb Zeosorb A 5, nicht aber von A 4 und A 3 gebunden wird. Erfahrungen aus gaschromatographischen Experimenten und emissionsspektrometrischen Tests unter Einsatz einiger Mikrogramm N zeigten, daß sich das Produkt „Wolfen Zeosorb A 4-Kugelform" (VEB Jenapharm Laborchemie, Apolda) am besten eignet. Die Menge des Molsiebes A 4 konnte ohne Schwierigkeiten bis auf 1 mg verringert werden, was auch im Fall der Umarbeitung von 75 μg NH_4Cl (20 μg N) im Standard-Entladungsrohr ausreichend ist. Die erforderliche Menge an Kupferoxid („Kupfer-II-oxid Drahtform zur Elementaranalyse", VEB Jenapharm Laborchemie, Apolda) beträgt 10 mg; eine weitere Verringerung ist nicht möglich.

Zur Beschickung der Entladungsrohre mit der Probensubstanz sind die kommerziellen Substanzkapillaren nicht geeignet, da sie einerseits nicht sauber genug angeliefert werden (was deutlichen Einfluß auf die Meßwerte hat), und andererseits auch zu groß sind, um die Entladungskapillare passieren zu können. Die Substanzkapillaren wurden daher selbst hergestellt. Aus einem Entladungsrohr lassen sich mehrere Kapillarrohre geeigneten Durchmessers (1,1 ± 0,2 mm Außendurchmesser) ziehen, aus denen sich eine große Anzahl von Substanzkapillaren mit einem Fassungsvermögen von ca. 4 μl herstellen läßt. Die Kapillaren, die mit einer 10-μl-*Hamilton*-Spritze gefüllt werden können, sollen während ihrer Herstellung und Füllung nur mit Pinzetten angefaßt werden.

Die Vorbereitung eines Probenrohres läuft folgendermaßen ab: Nach Anbringen der erwähnten Verengung und gegebenenfalls Ansetzen eines Schliffes werden 10 mg CuO und 1 mg Molsieb A 4

[1]) Anschrift: 705 Leipzig, Permoserstr. 15

(Körnung 0,6 bis 0,9 mm) eingefüllt. Das Probenrohr wird an der Kippvorrichtung [1] befestigt, und die Substanzkapillare wird eingelegt. Es wird evakuiert und sorgfältig mehrfach bis an den Erweichungspunkt des Glases erhitzt. Nach dem Abkühlen und der Überführung der Substanzkapillare wird das Rohr, in dem alle Festpartikel die Entladungskapillare passiert haben, abgeschmolzen, wobei ein Vakuum von mindestens $4 \cdot 10^{-3}$ Pa erreicht sein muß. Zur Reaktion wird das Proberohr 3 h bei 770 K im Laborofen gehalten.

Die Testung zahlreicher Proben ergab, daß mit Halbmikrorohren bei Einsatz von 2 bis 8 µg N stabile und lichtstarke Gasentladungen hinreichender Lebensdauer erhalten werden, die eine Bestimmung der relativen ^{15}N-Häufigkeit am NOI-5 gestatten. Stickstoffmengen über 8 µg N führen z. T. zu Zündschwierigkeiten und sollten besser in Standardrohren gemessen werden. Bei Einsatz von nur 1 µg N sinkt die anfänglich hohe Lichtintensität rasch ab, so daß exakte ^{15}N-Bestimmungen nicht mehr möglich sind. Zur Ermittlung der relativen ^{15}N-Häufigkeit aus den „optischen" ^{15}N-Werten wird eine Eichkurve aufgestellt, wobei die eingesetzte Probenmenge 4 µg beträgt.

Bei besonders sorgfältiger Arbeitsweise können Spuren von parasitärem Stickstoff aus den Reagenzien nach dem gleichen Verfahren entfernt werden, wie es *Middelboe* und *Johansen* [8] zur Beseitigung von CO_2 von den Gefäßwänden anwandten. Nach dem geschilderten Ausheizen wird das Probenrohr je zweimal mit O_2 gefüllt, erhitzt und evakuiert, wobei die adsorbierte Störkomponente gegen O_2 austauscht und entfernt wird.

Die ^{15}N-Bestimmung an 1 µg N ist mit Quarzentladungsrohren (4,0 mm × 0,75 mm, ca. 80 mm lang) möglich, die in gleicher Weise mit den Chemikalien beschickt werden. Das Molsieb wird nach Abpumpen der Hauptmenge an Luft dreimal kurz bis zur schwachen Rotglut erhitzt, wodurch die weiteren Stickstoffspuren ausgetrieben werden. Nach Abkühlen läßt man die im kalten Teil des Quarzrohres verbliebene Substanzkapillare auf die Reagenzien fallen und schmilzt ab. Die Verbindung des Quarzrohres, aus dem 4 bis 5 Probenrohre gewonnen werden können, mit einem NS 7,5-Schliff erfolgt mittels einer Rohrverschraubung (C6-160 TGL 0-2353), wobei auf der Seite des Quarzrohres als Dichtungselement ein PTFE-Konus mit einer 4,0-mm-Bohrung verwendet wird. Die Probenrohre werden im NOI-5 mittels zweier zentrisch durchbohrter Messingzylinder gehaltert und liefern mit 1 µg N einwandfreie stabile Spektren ausreichender Lebensdauer und Lichtintensität. Die Ergebnisse zeigen, daß so der parasitäre Stickstoff weitestgehend beseitigt werden kann.

Eingegangen am 19. 4. 1979

Literatur

[1] *H. Faust*, Isotopenpraxis **3** (1967) 100
[2] *J. A. Goleb, V. Middelboe*, Anal. Chim. Acta **43** (1968) 229
[3] *G. Proksch*, Isot. Rad. Soil-Plant Rel. incl. For., Wien 1971, S. 217
[4] *H. Perschke, G. Proksch*, Nitrogen in Soil-Plant-Studies, S. 223 (Proceedings of Joint FAO/IAEA Coordination Meeting Sofia 1969)
[5] *M. M. Ferraris, G. Proksch*, Anal. Chim. Acta **59** (1972) 177
[6] *H. Faust, R. Reinhardt*, Isotopenpraxis **11** (1975) 321
[7] GERMED-Druckschrift „Präparate für die Gaschromatographie"
[8] *V. Middelboe, H. S. Johansen*, Appl. Spectroscopy **32** (1978) 511

Zur Reindarstellung von tritiummarkierten Pyrimidinderivaten 3. Mitteilung*: Darstellung von 5-Brom-[6-³H]uracil und [6-³H]Uracil

St. Noll, K.-H. Heise

(Akademie der Wissenschaften der DDR, Zentralinstitut für Kernforschung Rossendorf, Bereich III)¹)

(B13) INIS DESCRIPTORS:

bromination; bromouracils; catalysis; chemical preparation; isotopic exchange; labelled compounds; labelling; tritium; tritium compounds; uracils

Unter den Bedingungen des katalytischen Wasserstoff-Tritium-Austausches, wie wir ihn früher beschrieben haben [1], findet bei 5-Bromuracil (I) in der 5-Position eine katalytische Dehalogenienrug statt, während in der 6-Position der katalytische H-T-Austausch abläuft. Man erhält dabei [5,6-³H]Uracil (II). Eine sich anschließende Bromierung mit elementarem Brom [2], durch die die Bildung von 5,6-Dibromuracil und 5-Brom-6-hydrouracil ausgeschlossen wird, führt zum 5-Brom-[6-³H]uracil (III). Die nachfolgende katalytische Dehalogenierung mit Wasserstoff an Stelle von Tritium ergibt [6-³H]Uracil (IV):

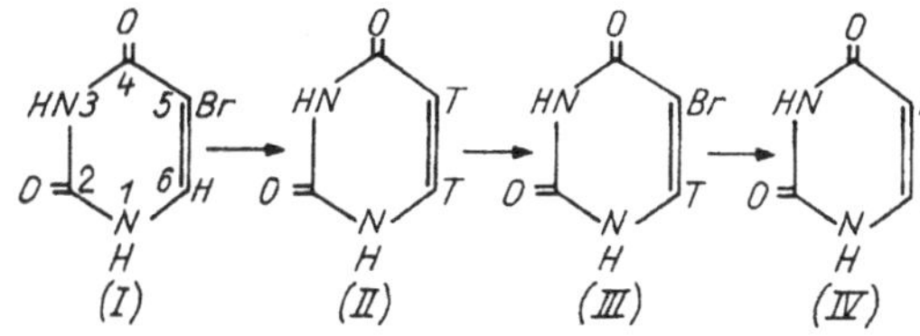

(I) (II) (III) (IV)

Die einzelnen Stufen dieser Reaktionsfolge werden nach Entfernung des labilen Tritiums durch mehrmaliges Lyophilisieren aus wäßriger Lösung mittels Säulenchromatographie an Sephadex G 10 bei +3 °C isoliert und gereinigt [3]. Die Reinheitsprüfung erfolgt radiodünnschichtchromatographisch (Silufol-254/Chloroform-Ethanol, 1:1 und 5:1, Vol.).

5-Bromuracil wird zusammen mit dem Katalysator (5% Palladium auf Bariumsulfat) und Wasser als Lösungsmittel unter Tritiumgas im Reaktionskolben gerührt. Danach wird der Katalysator abgetrennt und das labil gebundene Tritium entfernt. Die Reaktionsbedingungen und Ergebnisse der Dehalogenierung von 5-Bromuracil sind in Tab. 1 zusammengefaßt.

Das auf diese Weise erhaltene [5,6-³H]Uracil wird in einem Zweihalskolben, der mit einem Winkelkolben [4] versehen und dessen zweiter Hals über einen Luftkühler mit einer Waschflasche verbunden ist, vorgelegt. In dem Winkelkolben befindet sich Brom, die Waschflasche ist mit Ätzkali gefüllt. Nach der Zugabe des Broms zu dem [5,6-³H]Uracil wird der Kolben langsam auf dem Wasserbad bis zur Entfärbung der Substanz erwärmt, wobei gleichzeitig die Waschflasche mit flüssigem Stickstoff gekühlt wird. Ist die Reaktion beendet, wird die Substanz

* 2. Mitteilung: Isotopenpraxis 15 (1979) 292

¹) Anschrift: 8051 Dresden, Postfach 19

Tab. 1. Reaktionsbedingungen und Ergebnisse der katalytischen Dehalogenierung von 5-Bromuracil

Einwaage (I), mg	26,5
Lösungsmittel, ml	2,0
Katalysator, mg	77,2
Reaktionszeit, min	180
Gesamtaktivität Tritium, Ci	50
Tritiumdruck, mm	158
Temperatur, °C	23
Chemische Ausbeute (II), mg	12,3
%	77
Radiochemische Reinheit, %	> 98
Spezifische Radioaktivität, Ci/mmol	22,5

Tab. 2. Reaktionsbedingungen und Ergebnisse der Bromierung von [5,6-^{3}H]Uracil

Einwaage (II), mg	11,0
Brommenge, ml	5
Chemische Ausbeute (III), mg	12,0
%	64
Radiochemische Reinheit, %	> 98
Spezifische Radioaktivität, Ci/mmol	7,5

in Wasser gelöst und lyophilisiert. Tab. 2 gibt die Reaktionsbedingungen und Ergebnisse wieder.

Um zum [6-^{3}H]Uracil zu gelangen, wird das erhaltene 5-Brom-[6-^{3}H]Uracil der katalytischen Dehalogenierung mit Wasserstoff unterworfen.

Die übrigen Reaktionsbedingungen entsprechen den in Tab. 1 angegebenen. Die Ergebnisse sind in der Tab. 3 zusammengestellt.

Tab. 3. Ergebnisse der katalytischen Dehalogenierung von 5-Brom-[6-^{3}H]uracil

Einwaage (III), mg	9,6
Chemische Ausbeute (IV), mg	4,3
%	75
Radiochemische Reinheit, %	> 98
Spezifische Radioaktivität, Ci/mmol	7,0

Die erhaltenen markierten Substanzen sind dünnschichtchromatographisch mit der jeweiligen nichtmarkierten Referenzsubstanz identisch.

Aus dem Vergleich der spezifischen Radioaktivitäten ergibt sich für die 5- und 6-Position des [5,6-^{3}H]Uracils ein Aktivitätsverhältnis von annähernd 2:1. Die geringfügige Erniedrigung der spezifischen Radioaktivität bei der Umsetzung von 5-Brom-[6-^{3}H]uracil zu [6-^{3}H]Uracil ist auf den H-T-Austausch in der 6-Position zurückzuführen.

Eingegangen am 11. 4. 1979

Literatur

[1] *St. Noll, M. Kießling, K.-H. Heise,* Isotopenpraxis **13** (1977) 324

[2] *R. Behrend,* Ann. Chem. **231** (1885) 248

[3] *St. Noll, K.-H. Heise,* ZfK-Report Nr. 312 (1976)

[4] *M. Bubner, L. Schmidt,* Die Synthese Kohlenstoff-14-markierter organischer Verbindungen, VEB Georg Thieme, Leipzig 1966

Радиоактивные криптонаты амальгам II.

Изучение свойств радиоактивного криптоната амальгамы кадмия

П. Диллингер, Ю. Тельдеши, Т. Диллингерова

(Химико-технологический факультет Словацкого политехнического института в Братиславе)[1]

(B13) INIS DESCRIPTORS:

air; ascorbic acid; cadmium alloys; decomposition; diffusion; ion implantation; iron chlorides; krypton 85; krypton compounds; mercury alloys; quantity ratio; radioactivity; water

Во второй части серии статей, касающихся радиоактивных криптонатов амальгам, описываются свойства радиоактивных криптонатов амальгам кадмия, приготовленных диффузионным методом и методом бомбардировки, с точки зрения их аналитического применения.

В первой статье [1] мы описали приготовление радиоактивных криптонатов амальгам кадмия. В настоящей части нашей серии статей приводятся экспериментальные результаты, полученные при изучении свойств приготовленных криптонатов и их оценка производилась с точки зрения их аналитического применения.

[1]) Адрес: Чехословакия, 88037 Братислава, Янска № 1

Криптонаты амальгам кадмия, полученные диффузионным методом

Предварительные опыты показали, что более высокой устойчивостью обладают амальгамы кадмия с повышенным содержанием кадмия. При длительном нагревании амальгамы при повышенной температуре в вакууме, полученном с помощью насоса или же охлаждением активированного угля жидким азотом, на поверхности расплавленной амальгамы происходит образование шлака, что проявляется в различном поведении приготовленных криптонатов. Криптонаты с сильно загрязненной поверхностью на воздухе медленнее теряют активность, но удельные активности у них ниже. На рис. 1 сравниваются зависимости уменьшения относительной активности образцов с различ-

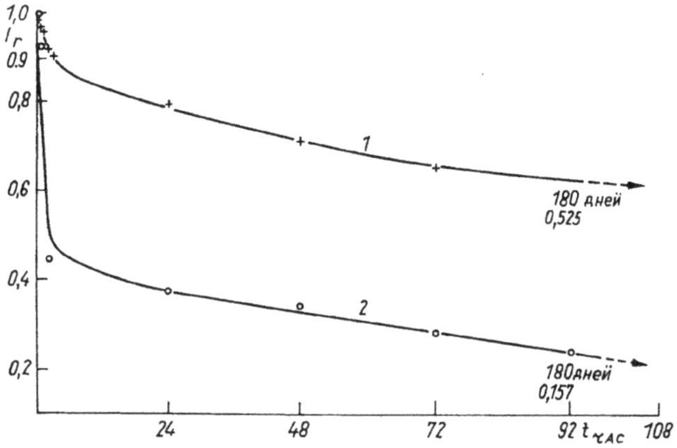

Рис. 1. Зависимость от времени понижения относительной активности криптонатов Cd-амальгам с различной поверхностью на воздухе

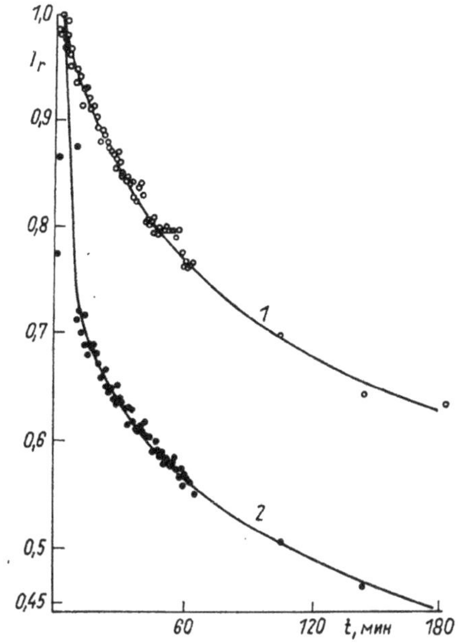

Рис. 2. Зависимость от времени понижения относительной активности криптонатов Cd-амальгам. Криптонаты амальгам приготовлялись двухчасовым воздействием ^{85}Kr на расплавленную амальгаму с моментальным отсасыванием ^{85}Kr после затвердевания амальгамы (кривая 2) и с отсасыванием 20 часов после затвердевания амальгамы (кривая 1) — начальная фаза декриптонирования

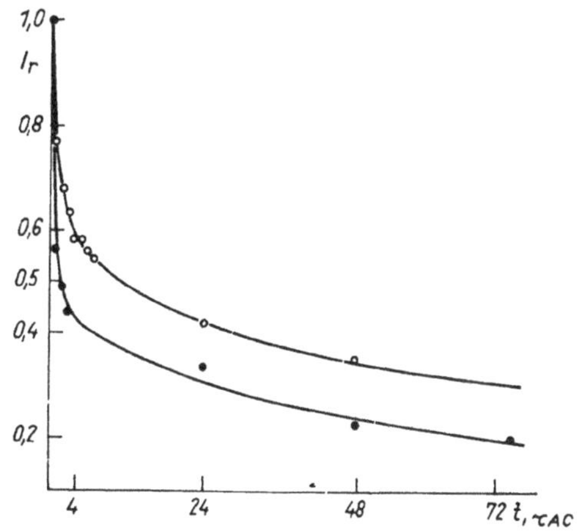

Рис. 3. Зависимость от времени понижения относительной активности криптонатов Cd-амальгам. Криптонаты амальгам приготовлялись двухчасовым воздействием ^{85}Kr на расплавленную амальгаму с моментальным отсасыванием ^{85}Kr после затвердевания амальгамы (кривая 2) и с отсасыванием 20 часов после затвердевания амальгамы (кривая 1)

ной поверхностью. Кривая 1 относится к предварительно приготовленной амальгаме с 40% содержанием кадмия, поверхность которой после криптонирования была сильно загрязнена шлаком. Относительная активность этой амальгамы в течение 72 часов уменьшается на 35%. Общее понижение активности в течение следующих 180 дней составляло 47%. Кривая 2 относится к амальгаме с 50% содержанием кадмия, которая была получена прямо в реакционном сосуде. Поверхность этой амальгамы после криптонирования была чистая, кристаллическая, серого цвета. Относительная активность таким образом полученной амальгамы понизилась в течение 72 часов на ~ 62% и после 180 дней в общем на 84%. В среднем амальгамы с 40—50% содержанием кадмия, полученные диффузионным методом, теряют в течение 3—4 дней даже 80% первоначальной активности, что говорит о распределении криптона-85 непосредственно у поверхности приготовленных криптонатов. В связи с шероховатостью полученных криптонатов не удалось определить опытами механического снимания поверхностного слоя распределение криптона в глубину.

Эти образцы, приведенные в качестве примера, были получены следуюшим образом. В эвакуированный криптонационный сосуд напускался криптон и образец нагревался на масляной бане. После полного расплавления образец постепенно охлаждался до затвердевания. Оставшийся криптон откачивался из сосуда.

Далее изучалось влияние длительности воздействия криптона-85 на амальгамы после их охлаждения до комнатной температуры. Было установлено, что при длительном воздействии криптона-85 на охлажденный образец (~ 20 часов) увеличивается устойчивость приготовленного криптоната. На рис. 2 приводится уменьшение относительной активности образцов криптонатов амальгам с 50% содержанием кадмия, полученные двухчасовым воздействием криптона-85 на расплавленную амальгаму. Кривая 2 относится к криптонату, когда криптон-85 моментально отсасывался после затвердевания амальгамы, кривая 1 — к криптонату, который получался 20 часовым воздействием криптона на твердую амальгаму. Первоначальное течение декриптонирования в течение 180 минут изображено на рис. 3.

При воздействии криптона-85 на расплавленную амальгаму в течение двух часов получаются образцы с более высокой относительной активностью по сравнению с образцами, для которых зависимости изображены на рис. 1, но при этом образуется больше шлака.

Наилучшей устойчивости относительной активности мы добились у криптонатов, которые нагревались при криптонировании до относительно высокой температуры (рис. 4), однако ввиду просачивания криптона через шлиф из криптонационной аппаратуры, не советуем этого варианта.

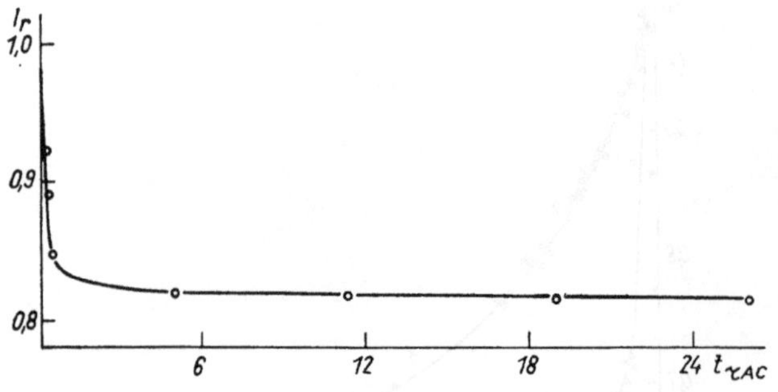

Рис. 4. Зависимость от времени понижения относительной активности криптоната Cd-амальгамы, нагреваемого при криптонировании до высокой температуры

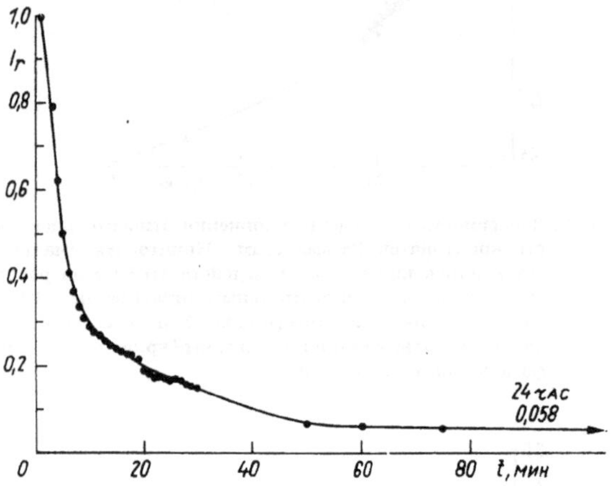

Рис. 5. Зависимость от времени пнонижения относительной активности криптоната Cd-амальгамы. Криптонировалось без отсасывания криптона-85 из криптонационного сосуда

Поскольку у большинства образцов на декриптонационных кривых наблюдались через первых 3—5 минут определенные максимумы, провели мы опыты с образцами, которые криптонировались без отсасывания криптона-85 из крипотнационного сосуда. У таким образом приготовленных образцов максимум не появляся, причем полученные криптонаты обладали высокой активностью, но ее первоначальное значение в течение 20 минут уменьшилось на 1/5. Далее активность не понижалась так быстро (рис. 5).

На основе наших экспериментов для диффузионного криптонирования амальгам кадмия можно предложить следующию методику приготовления. Эквивалентные количества Hg (чистотой для анализа) и очищенных кусочков кадмия помещаются в криптонационный сосуд, в котором создается вакуум. Потом впускается радиоактивный криптон, образец на масляной бане быстро нагревается до полного расплавления и сразу же охлаждается кратковременным воздействием жидкого азота. После 20 часового стояния при лабораторной температуре криптон-85 отсасывается. Этим способом получаются криптонаты с чистой поверхностью, с относительно высокой активностью и с хорошей устойчивостью.

Криптонаты амальгам кадмия, полученные методом ионной бомбардировки

Для определения влияния содержания кадмия на устойчивость амальгам накриптонировали мы ионной бомбардировкой амальгамы с осдержанием кадмия от 15 до 50 вес. % при одинаковых условиях (20 *кв*, 10 μA, 180 *сек*). Долговременным измерением активности этих образцов (I) было установлено, что относительная активность ($I_{отн.} = I/I_0$) таким образом приготовленных образцов (отнесенная к I_0, т. е. к активности 50% амальгамы кадмия) в течение 1—100 дней в зависимости от их приготовления практически не изменяется (наблюдаемые изменения не более 1%). На рис. 6 изображена зависимость от процентного содержания кадмия в амальгаме. Здесь находится кривая ,,насыщения'' в интервале 40—50% вес. кадмия. Мало концентрированные амальгамы (до 20 вес. % кадмия) обладают такой активностью, которой практически можно пренебречь, поскольку при лабораторной температуре они находятся очень близко к состоянию ,,текучести''.

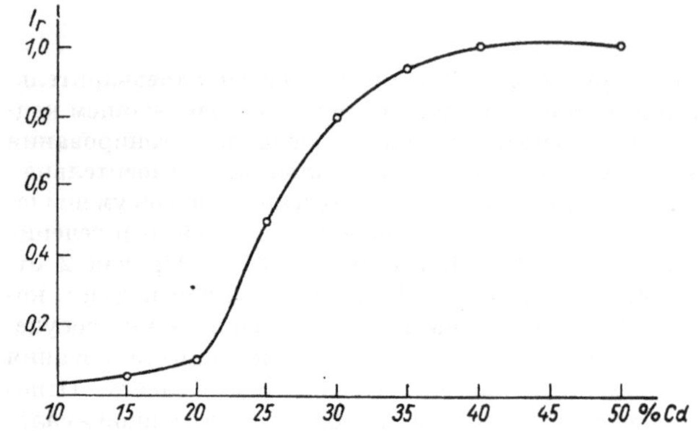

Рис. 6. Зависимость относительной активности от процентного содержания кадмия в амальгаме

В следующих опытах мы качественно изучали распределение криптона-85 криптонатах 50% амальгам кадмия, полученных ионной бомбардировкой в различных аппаратурах. Стираемость производилась стиранием поверхностных слоев полученных криптонатов амальгам на текстильной подкладке (одинаковое время стирания при постоянном давлении, криптонаты приготовлялись 3 дня перед этим). На рис. 7 приводятся полученные зависимости уменьшения первоначальной активности от толщины взятого слоя.

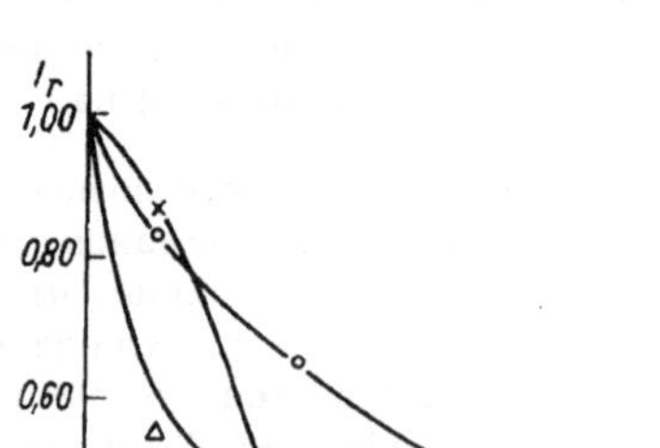

Рис. 7. Зависимость убывания первоначальной относительной активности от толщины стираемого слоя

Кривая 1 представляет глубинное распределение криптона в криптонате, полученном вышеприведенным методом. Кривые 2 и 3 представляют глубинное распределение криптона-85 в криптонатах, приготовленных в аппаратуре Йеха. Кривая 2 — бомбардировка производилась с помощью индуктора Румкрфа, кривая 3- бомбардирока с помощью „Тесла трансформатора". Из анализа полученных зависимостей вытекает, что в случае кривой 1 наблюдается самое равномерное распределение в глубину и что криптонирование идет довольно глубоко. Далее можно судить на основе кривой 2, что наибольшая концентрация криптона находится непосредственно около поверхности, а потом наблюдается равномерное уменьшение криптона в зависимости от толщины взятого слоя.

На основе полученных результатов можно сказать, что для титрационного определения, основанного на измерении остаточной активности (определение эквивалентной точки), более подходят криптонаты типа 2 и 3, в то время, как для определения методом калибровочной кривой лучше подходят криптонаты типа 1. Полученные поверхностные удельные активности криптонатов типа 1, 2 и 3 находятся в соотношении ~ 1:3:5.

Для практического применения криптонатов амальгам, полученных ионной бомбардировкой в аппаратуре Йеха, изучалась их устойчивость на воздухе. Из зависимости относительной активности таким образом приготовленных 50% Cd-амальгам от времени вытекает, что относительная активность за 24 часа понизилась приблизительно на 50%, а за 3 дня в общем на 53%. (рис. 8). Таким образом, их устойчивость сравнима с

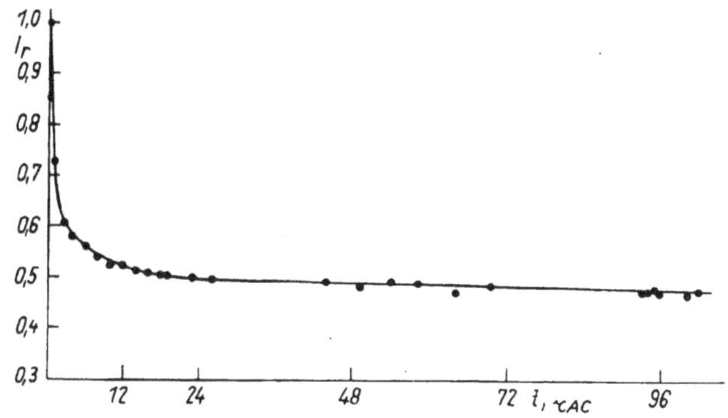

Рис. 8. Зависимость от времени понижения относительной активности криптоната 50 % Cd-амальгамы, приготовленной методом ионной бомбардировки

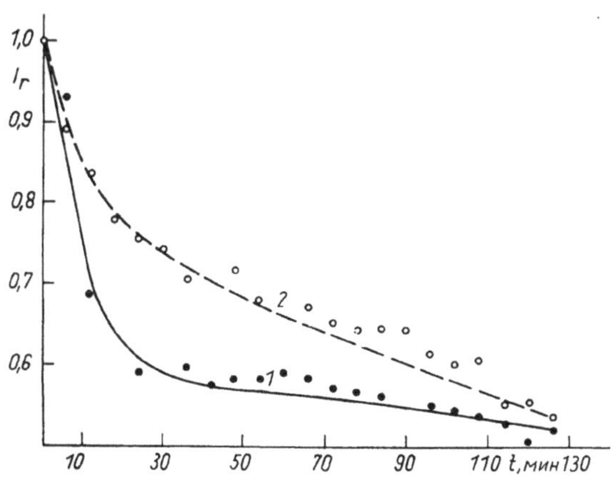

Рис. 9. Зависимость от времени понижения относительной активности криптоната Cd-амальгам на воздухе (кривая 1) и в воде (кривая 2)

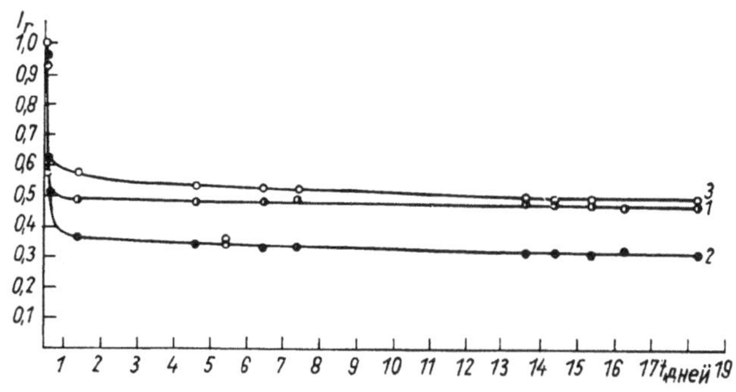

Рис. 10. Зависимость от времени понижения относительной активности криптоната Cd-амальгам на воздухе (кривая 1, 3) и в воде (кривая 2)

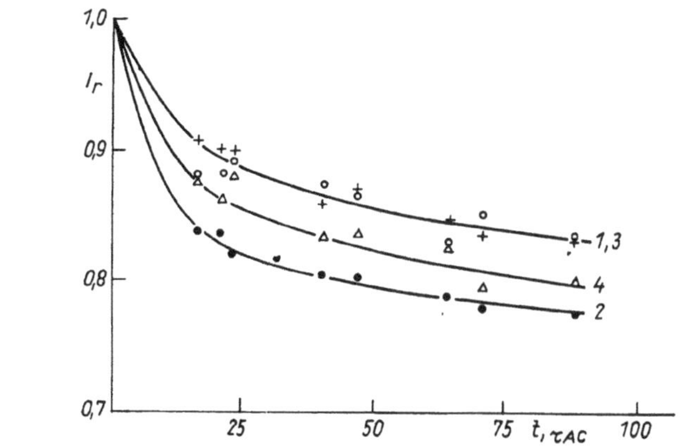

Рис. 11. Зависимость понижения относительной активности криптоната Cd-амальгамы от времени

устойчивостью криптонатов Cd-амальгам с блестящей кристаллической поверхностью, приготавляемых диффузионным методом, (62% потеря за 3 дня), что свидетельствует об одинаковом распределении криптона-85 в глубину образца. Криптонаты 50% Cd-амальгам, полученные ионной бомбардировкой при напряжении 10 *кв*, току 10 μA за 180 *сек.*, теряют на воздухе также около 50% криптона уже в течение двух часов после их приготовления (рис. 9). На этом значении они стабилизируются и потом при длительном измерении уже не происходит изменение активности (20 дней), рис. 10 кривая 1 и 3. Наиболее стабильными на воздухе оказались криптонаты 50% Cd-амальгам, полученные в этой аппаратуре при 20 *кв*. Потеря за 100 часов после их приготовления составляла 20% (рис. 11) и в дальнейшем стабилизировалась на этом значении.

Исследовали мы также устойчивость 50% Cd-амальгам (10 *кв*, 10 μA, 180 *сек.*) в воде. Криптонат после его приготовления погружался на 200 *сек.* в воду, потом высушивался и измерялась его активность. Изменения относительной активности приводятся на рис. 9 кривая 2 и на рис. 10 кривая 2. Вначале наблюдается более медленное понижение активности по сравнению с образцом, который не погружался в воду (приблизительно в течение двух часов). В дальнейшем активность понижается быстрее и конечная остаточная активность находится около 30%. Понижение активности криптонатов (20 *кв*), погруженных постоянно в воде и вынимаемых только на время измерения, изображается на рис. 12 кривая 1 и 2. Здесь наблюдается более медленное понижение активности по сравнению с кривой 2 на рис. 10. Понижение составляет только 20% за 24 часа.

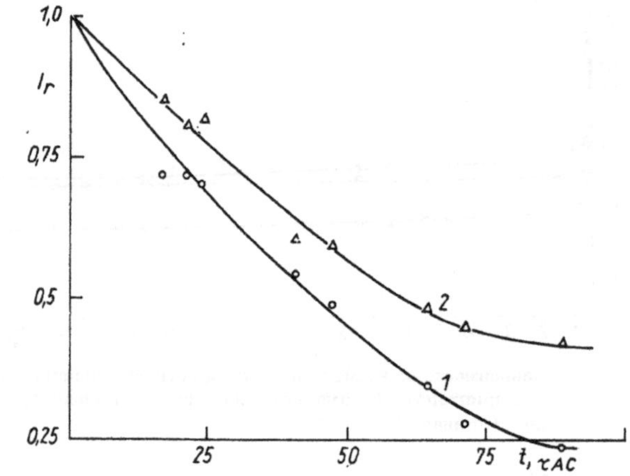

Рис. 12. Зависимость от времени понижения относительной активности криптоната Cd-амальгам в воде

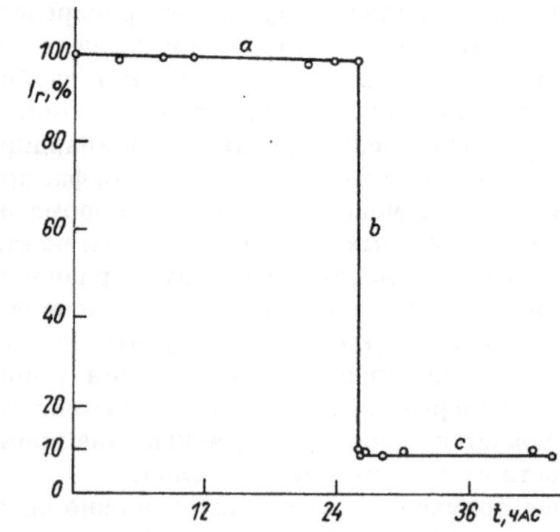

Рис. 14. Зависимость изменения относительной активности криптоната Cd-амальгамы при воздействии 0,01 М раствора $FeCl_3$

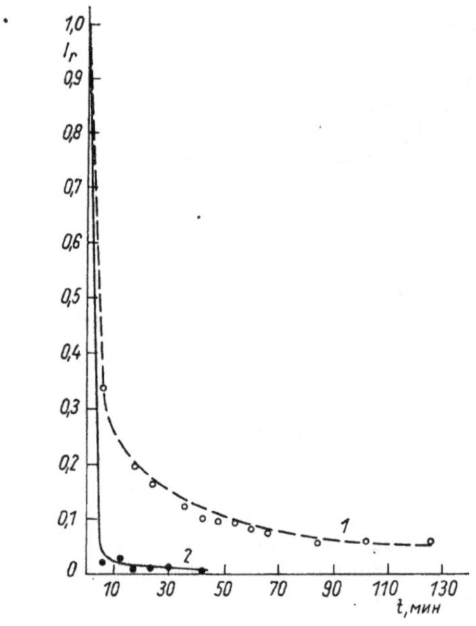

Рис. 13. Зависимость от времени понижения относительной активности криптоната Cd-амальгамы при воздействии 0,1 М раствора аскорбиновой кислоты (кривая 1) и 0,01 М раствора $FeCl_3$ (кривая 2)

Изучалось также влияние 0,1 М раствора аскорбиновой кислоты на криптонаты 50% Cd-амальгам. Полученные зависимости приводятся на рис. 13 кривая 1. Криптонат перед измерением на 200 *сек.* помещался в 0,1 М раствор аскорбиновой кислоты. Таким же образом была получена зависимость изменения относительной активности криптоната при воздействии 0,01 М раствора $FeCl_3$ (рис. 13 кривая 2). Уже первое погружение криптоната в этот раствор вызвало 99% выделение криптона. На рис. 14 изображена зависимость изменнения $I_г$ криптоната 50% Cd-амальгамы (20 *кв*, 10 μA, 180 *сек.*) при его погружении на 2 *сек.* в 0,01 М раствор $FeCl_3$ (часть b). Части a и c преставляют зависимость изменения активности в дистиллированной воде. Высокую чувствительность этой реакции демонстрирует также рис. 12 кривая 1. Эта кривая представляет понижение активности криптоната Cd-амальгамы в воде. Примененный сосуд сначала наполнялся 0,01 М раствором $FeCl_3$, потом два раза полоскался дистиллированной водой и снова наполнялся дистиллированной водой. Даже следовые количества трехвалентного железа вызывают при длительном воздействии значительное убывание активности криптоната Cd-амальгамы. По сравнению с дистиллированной водой это составляет приблизительно 20%-ную разницу при 100 часовом воздействии.

Поступила в редакцию 30/III, 1979 г.

Литература

[1] *P. Dillinger, J. Tölgyessy, P. Lukáč*, Isotopenpraxis **10** (1974) 293

Tagungsberichte

2. Internationale Tagung „Nukleare Analysenverfahren", 19.—23. 3. 1979 in Dresden

Veranstalter: Zentralinstitut für Kernforschung Rossendorf der AdW der DDR und Chemische Gesellschaft der DDR

In 115 Vorträgen (darunter 10 Plenar- und 18 Postervorträge) wurden analytische Probleme der Gebiete Kernenergetik; Werkstoff-, insbesondere Reinststofftechnik; Geo- und Kosmochemie sowie Medizin, Biologie und Umweltschutz behandelt. Weiterhin wurden methodische und apparative Entwicklungen in der Kernstrahlungsmeßtechnik, Aktivierungsanalyse, Kernreaktionsanalyse, Röntgenfluoreszenz-Meßtechnik und in den Ionenstrahltechniken vorgetragen und diskutiert. Darüber hinaus fanden die Tagungsteilnehmer Gelegenheit, Einrichtungen des ZfK zu besichtigen.

Schwerpunkt der Vorträge auf dem Gebiet der Kernenergetik war die Bestimmung von Spaltprodukten und Transuranen in hochaktiven Materialien. Eine besondere Bedeutung wurde hierbei der analytischen Überwachung des Purex-Prozesses beigemessen. *Ertel* und *Baumgärtner* machten in einem sehr übersichtlichen Planervortrag mit dem Entwicklungsstand im Kernforschungszentrum Karlsruhe und den Problemen auf diesem Gebiet bekannt. Es wurde gezeigt, daß die vielgestaltigen analytischen Probleme nur durch sinnvolle Kombination der verschiedensten Methoden lösbar sind. So kommt es bei der Überwachung des Prozesses darauf an, analytische Daten möglichst rasch zur Verfügung zu stellen. Für die internationale Spaltstoffkontrolle und natürlich auch aus ökonomischen Gründen sind sehr sorgfältige Bilanzanalysen von Ausgangs- und Endprodukten erforderlich, und schließlich sind zur Gewährleistung der inneren (Kritikalität, Korrosion) und äußeren Sicherheit Analysen in z. T. ganz extremen Gehaltsbereichen notwendig.

Rommel et al. gaben einen Überblick über Sorptions- und Transportvorgänge, die zur Aufklärung der Bildung radioaktiver Ablagerungen in Druckwasserreaktoren von Bedeutung sind. Spezielle Kurzvorträge befaßten sich mit Problemen der Kernmaterialkontrolle in geschlossenen Brennstoffkassetten (*Herrmann* und *Mehner*) durch Spektrometrie gammaaktiver Spaltprodukte bzw. in Lösungen durch Alphaaktivitätsmessungen von Pu-Isotopen (*Krtil* et al.). Die Uranisotopen-Zusammensetzung einer Lösung wurde nach verschiedenen Verfahren im Rahmen des internationalen Experiments SROK-1 geprüft (*Sus* et al.). *Gruner* und *Beutmann* untersuchten elektrolytische Uran- und Plutonium-Präparationsmethoden für die Alpha-Spektrometrie. *Eichler* und *Rhede* berichteten über Ergebnisse der thermochromatographischen Trennung von Transuranen, einer sehr eleganten Methode, die vielleicht auch bei der Suche nach überschweren Elementen im Gebiet der Stabilitätsinseln nützlich werden könnte. Zu dieser Problematik hielt *Flerow* einen eindrucksvollen Vortrag, in dem zum Ausdruck gebracht wurde, daß sie als ein künftiger Schwerpunkt der Anwendung nuklearer Analysenmethoden auf dem Gebiet der Grundlagenforschung zu betrachten sei.

Mit Problemen, Methoden und den nationalen Einrichtungen des Umweltschutzes im Zusammenhang mit kerntechnischen Einrichtungen machte *Blume* bekannt. Über die Methodik zur Überwachung von Abwässern berichteten *Szabo* et al. und von Plutonium im Urin *Naumann* und *Ubl*. Der Einsatz der LSC-Meßtechnik zur dosimetrischen Personenüberwachung wurde von *Schäfer* und *Helbig* behandelt.

Eine Vielzahl von Vorträgen beschäftigte sich mit der Untersuchung von Werkstoffen, insbesondere von Reinststoffen. Zwei Planervorträge gaben einen Überblick über den erreichten Stand auf diesem Gebiet unter Anwendung der Neutronenaktivierungsanalyse (*Jakowlew*) bzw. von Beschleunigern (*Engelmann*). Zahlreiche Kurzvorträge behandelten Verfahren zur Untersuchung oberflächennaher Bereiche von Festkörpern, wie z. B. die ioneninduzierte Röntgenfluoreszenzanalyse (*Bauer* et al.), die Abtastung mit feinkollimierten Protonenstrahlen zur Röntgenanregung (*Brunner*), die Anwendung von Festkörperspurdetektoren (*Reuther*) oder die Lumineszenz-Autoradiografie von SiO_2-Proben (*Boden*), die neben Gehaltsbestimmungen auch Homogenitäts- und Verteilungsanalysen gestatten. Weitere Methoden zur Untersuchung von Oberflächen sind die Messung von Kernreaktionen (*Schwabe* und *Mühle*) und die *Rutherford*-Weitwinkelstreuung, die zur Untersuchung von Gitterdefekten in Silizium (*Glaser* und *Götz* sowie *Voelskow* et al.), von Diffusionsprofilen in Silizium (*Geiler* sowie *Scheliga* et al.), in Gläsern (*Kolitsch* et al.) oder von Isolatorschichten auf Silizium (*Fischer* und *Karge*) geeignet ist. Daß die Untersuchung sehr kleiner Elementgehalte in oberflächennahen Bereichen sehr problematisch ist, zeigte *Niese*, der feststellte, daß Verfälschungen durch die Bearbeitung der Materialien bis in Tiefen von 60 μm nahezu unvermeidbar sind.

Eine weite Verbreitung haben nukleare Analysenverfahren auch in den Geowissenschaften gefunden. Einen sehr informativen Überblick zum erreichten Stand in bezug auf anwendungsorientierte Probleme gab ein Plenarvortrag von *Hübner* und *Lötsch*. Das Spektrum der in den Kurzvorträgen behandelten Probleme deutet auf die vielgestaltigen Anwendungsmöglichkeiten hin und reicht von den komplexen Neutronenaktivierungsanalysen von Mond- (*Wagner* et al.) und Meteoritenproben (*Lawrukina*) bis zu Standardmaterialien (*Loos* und *Saupe*) oder Proben eines Metamorphieprofils zur Klärung des Verhaltens der verschiedenen Elemente bei diesem wichtigen geologischen Prozeß. Es reicht von der Bestimmung von Schwermetallen in polymetallischen Erzen in bewegten Systemen (*Warwariza* et al.) bis zum Nachweis von Bor in Gesteinen (*Loos* et al.) und der Schnellbestimmung von Gold mittels Gammaaktivierungsanalyse (*Burmistenko*).

Kuleff et al. berichteten über Urangehaltsänderungen in Thermalwässern in Abhängigkeit von der Erdbebentätigkeit. *Just* et al. gaben einen Überblick über die Anwendung der Gamma-Spektrometrie in Labor und Gelände zur Messung natürlich gammaaktiver Elemente. Diese zuletzt genannten Arbeiten sind auch geeignet, gewisse Prozesse zeitlich einzuordnen. Dieser wichtigen Problematik widmeten sich auch weitere Arbeiten, wie die ^{53}Mn-Messung in kosmischen Materialien (*Lawrukina* et al.), die Isotopenverteilung von Nickel in antarktischem Schnee (*Geisler* und *Schellhorn*), die aktivierungsanalytische Variante der Re/Os-Methode (*Schelhorn* et al.) sowie die Messung der ^{39}Ar-Aktivität, die durch die kosmische Strahlung an der Erdoberfläche gebildet wird (*Hebert* et al.).

Die Untersuchung des Zustandes und der Veränderung unserer Umwelt ist gleichermaßen Anliegen der Geochemie, der Biologie und der Medizin. Verschiedene Methoden wie die Röntgenfluoreszenzzanalyse (*Bothe* et al.; *Piorek*; *Holynska* et al.), die Neutronenaktivierungsanalyse (*Draskovic*; *Calmano*; *Lieser*), die Gaschromatographie (*Popp*) oder die Zyklotronaktivierungsanalyse (*Szymczyk* et al.; *Kajfosz* und *Szymczyk*) und die Aktivitätsmeßtechnik werden zur Untersuchung von Wässern und Aerosolen eingesetzt. *Steinnes* zeigte, daß Informationen über Umweltbelastungen und deren Veränderungen durch die Spurenelementkonzentration und ihre Verteilung in Moosen und Flechten gespeichert werden und durch instrumentelle Aktivierungsanalyse und Atomabsorptionsspektrometrie nachweisbar sind. Eine ähnliche Datenspeicherung erfolgt im menschlichen Kopfhaar und ist aktivierungsanalytisch nachweisbar (*Lanzel*).

Haaruntersuchungen, denen wegen ihrer besonderen Bedeutung ein Plenarvortrag (*Rjabukin*) gewidmet war, entwickeln sich aber auch immer mehr zu medizinisch-diagnostischen Methoden. So zeigten *Grund* et al., daß sie für Expositionstests beim Umgang mit speziellen toxischen Stoffen geeignet sind. Die von *Baldauf* et al., vorgetragenen Untersuchungsergebnisse zeigen, daß auch die Frühdiagnose gewisser Tumorformen durch Haaranalysen möglich ist.

Natürlich werden mit Hilfe der Neutronenaktivierungsanalyse auch Spurenelementgehalte anderer biologischer Gewebe untersucht. Einen Überblick über den erreichten Stand gab *Mosulishwili*, und spezielle Probleme behandelten *Zmiewska* (Mo-Bestimmung mit chemischer Trennung) und *Lux* et al. (Erforschung der Wundheilung).

Die vielgestaltigen Anwendungsmöglichkeiten radioaktiver Indikatoren und medizinischer Präparate auf dem Gebiet der Biologie und Medizin wurden nur durch wenige Vorträge gestreift, wobei besonders die Anwendung und Gütekontrolle von Tc- (*Nowak* et al.; *Saionz* et al.; *Thieme*; *Brunner* et al.; *Johannsen* und *Noll*) sowie C-14- und Tritium-Präparaten (*Kampf*;

Heise et al.; *Römer*) Berücksichtigung fanden. Bei der Anwendung solcher Methoden treten aber weniger analytische als andersartige Probleme auf, und sie werden daher auch vorzugsweise auf anderen Fachtagungen behandelt.

Eine große Zahl von Vorträgen beschäftigte sich mit methodischen Arbeiten der chemischen Trennung (*Smulek* und *Lada*; *Mühl* und *Gloe*; *Jaffrezic-Renault* und *Deschamps*; *Vlacil*) und Präparation von Proben (*Flachowski* und *Fiedler*), der Meß- und Auswertetechnik der verschiedenen Verfahren, wobei sowohl die Anwendung der moderenen Rechentechnik (*Zagyvai* et al.; *Thieme* und *Dähner*), der Fehlerkorrektion (*Kierzek* und *Parus*) und der Verbesserung von Präzision und Empfindlichkeit (*Kubsch* und *Herrmann*; *Nikolow* und *Niese*; *Helbig* et al.; *Luthardt* und *Prösch*; *Obrikat* sowie *Förster* und *Görner*) als auch die Weiterentwicklung auf apparativem Gebiet (*Dietze* et al.; *Koepernik*; *Richter*) berücksichtigt wurden.

Mit einem Vortrag von *Vormum* würdigte die Veranstaltung den großen deutschen Radiochemiker *Otto Hahn* anläßlich seines 100. Geburtstages, dessen beispielgebendes Leben und Wirken auch dem Gebiet der Radioanalytik wesentliche Impulse zu geben vermochte.

Eingegangen am 12. 6. 1979

G. Loos

Informationen

IAEA/OECD. Die Internationale Atomenergie-Agentur (IAEA) und die Kernenergie-Agentur (NEA) der OECD haben einen gemeinsam erarbeiteten Bericht über die Uranreserven in der Welt („International Evaluation of World Uranium Potential") veröffentlicht, der eine Ergänzung zu dem Bericht „Uranium Resources, Production and Demand" darstellt, der im Dezember 1977 erschienen ist. Der neue Bericht enthält neben den Angaben (Stand 1. 1. 1977) über gesicherte (ca. 2,2 Mio t) und angenommene (ca. 2,1 Mio t) Uranvorräte, gegliedert in die Kostenklassen bis 30 \$/lb U_3O_8 und 30—50 \$/lb U_3O_8, die neue Kategorie „Speculative Resources". In dieser Kategorie sind, aufgeteilt nach Erdteilen, rund 9,9 Mio t an weiteren Uranreserven angeführt, die auf Grund von indirekten geologischen Merkmalen und Extrapolationen vermutet werden.

IAEA/OECD/USA. Auf dem internationalen Tritium-Symposium, das im Oktober 1978 in San Francisco (USA) stattfand, wurde mitgeteilt, daß in den oberen Schichten der Erdatmosphäre durch die Einwirkung der kosmischen Strahlung jährlich zwischen 1 und 5 MCi Tritium gebildet werden. Die weltweite Erzeugung von Tritium durch Kernkraftwerke beträgt gegenwärtig ca. 2 MCi pro Jahr. Recht beträchtliche Mengen an Tritium werden für die Herstellung von Gebrauchsgütern eingesetzt. In der Schweiz z. B. werden zur Zeit jährlich ca. 40 kCi Tritium für die Produktion von Leuchtfarben und 350 kCi zur Herstellung von Tritium-Gas-Lichtquellen verwendet.

IAEA. Die Internationale Atomenergie-Agentur (IAEA) hat für 1980 u. a. folgende Konferenzen und Symposien angekündigt:

IAEA/NEA International Symposium on the Management of Gaseous Wastes from Nuclear Facilities (Vienna, Austria, 18—22 Feb 1980)

FAO/IAEA International Symposium on Isotope and Radiation Techniques in Soil Physics and Irrigation Studies (Vienna, Austria, 21—25 Apr 1980)

International Symposium on the Handling of Alpha-Contaminated Waste, including Cladding Hulls (location undecided, 2—6 Jun 1980)

International Symposium on Medical Radionuclide Imaging (Heidelberg, F. R. Germany, 1—5 Sep 1980)

International Symposium on Isotope Geochemistry, Geochronology and Cosmochemistry (Vienna, Austria, 15—19 Sep 1980)

IAEA/NEA International Symposium on Disposal of Radionuclides into the Marine Environment (Vienna, Austria, 6—10 Oct 1980)

International Symposium on Biomedical Dosimetry: Physical Aspects, Instrumentation, Calibration (Paris, France, 27—31 Oct 1980)

FAO/IAEA International Symposium on Combination Processes in Food Irradiation (Colombo, Sri Lanka, 1980)

International Symposium on Water Chemistry and Corrosion Problems of Nuclear Reactor Systems and Components (1980).

Für 1981 sind u. a. folgende Veranstaltungen geplant:

International Symposium on Nuclear Techniques in the Study of Parasitic Diseases of Man and Animals

International Symposium on Radioimmunoassay and Related Procedures in Medicine

FAO/IAEA International Symposium on the Sterile Insect Technique (SIT) and the Use of Radiation in Genetic Insect Control

FAO/IAEA International Symposium on Induced Mutations as a Tool for Further Crop Plant Improvement

International Symposium on Methodes of Low-Level Counting and Spectrometry

International Symposium on the Application of the Dose Limitation System in Nuclear Fuel Cycle Facilities

International Symposium on Migration in the Terrestrial Environment of Long-Lived Radionuclides from the Nuclear Fuel Cycle

International Conference on Industrial Applications of Radioisotopes and Radiation Technology

2nd International Conference on Nuclear Power and its Fuel Cycle.

IAEA. Die Internationale Atomenergie-Agentur (IAEA), Division of Publications, hat die 1. Ergänzung zu ihrem Publikationskatalog 1978/79 herausgegeben, in der alle Veröffentlichungen, die im Zeitraum Juli 1978 bis April 1979 erschienen sind, nach Sachgebieten geordnet aufgeführt werden. Außerdem enthält die Katalog-Ergänzung Angaben über Periodica der IAEA, eine neue Preisliste für früher erschienene, noch verfügbare Publikationen und eine Übersicht über in Vorbereitung befindliche Veröffentlichungen. Die Preisliste ist wie folgt gegliedert:

Proceedings Series, Panel Proceedings Series, Technical Directories, Safety Series, Technical Reports Series, Legal Series, Review Series, Study Tour Reports, Other Publications, Periodicals of the IAEA.

FAO/IAEA/Österreich. Fast 80 Fachleute aus 26 Ländern und Vertreter von fünf internationalen Organisationen nahmen vom 7. bis 11. Mai 1979 an einem Symposium über die Verwendung von Isotopen und Kernstrahlungen zur Erforschung und Bekämpfung der Überträger von Tierkrankheiten, der Beziehungen zwischen Wirt und Krankheitserreger und der Umweltwirkungen von Bekämpfungsmaßnahmen teil, das die Ernährungs- und Landwirtschaftsorganisation der Vereinten Nationen (FAO) und die Internationale Atomenergie-Agentur (IAEA) in Wien veranstalteten.

Die weltweiten Probleme Hunger, Unterernährung und Umweltverschmutzung erfordern die Mobilisierung aller Techniken und Hilfsmittel. So stellen in Afrika allein die Nagana (die Trypanosomiase der Tiere) und ähnliche Erkrankungen eine starke Beeinträchtigung der wirtschaftlichen Entwicklung dar. Die Tsetse-Fliege, der Überträger der Nagana, hat ein Verbreitungsgebiet von mehr als 7 Millionen Quadratkilometern. Die Bekämpfung dieser Erkrankungen wurde 1974 auf der Welternährungskonferenz gefordert. Wenn es gelänge, sie zum Verschwinden zu bringen, könnte allein in Afrika der Rinderbestand um mindestens 120 Millionen Stück vermehrt werden, was einer Erhöhung der Fleichproduktion um jährlich 1,5 Millionen Tonnen gleichkäme.

Das Symposium gab einen Überblick über die Anwendungsmöglichkeiten von ionisierenden Strahlungen und Isotopen zur Entwicklung von Impfstoffen und Medikamenten, zur Erforschung der Wirkungsweise der Parasiten und der Mechanismen, die bei den Tieren eine Toleranz gegenüber Erkrankungen bewirken, sowie über die Verwendung steriler Insekten zur Veringerung der freilebenden Insektenpoluplationen und über chemische und andere Bekämpfungsmaßnahmen gegen die Überträger der Krankheitserreger.

Über erfolgreiche Programme zur Bekämpfung und Ausrottung der Tsetse-Fliege durch Anwendung der Insektensterilisierung berichteten die afrikanischen Länder Tansania und Obervolta. Auch ein 1977 angelaufenes, von mehreren Staaten finanziertes Projekt zur Einbeziehung des Sterilisierungsverfahrens in ein Programm zur Bekämpfung der Tsetse-Fliege in Nigeria wurde erörtert.

DDR. Neue Reports des Staatlichen Amtes für Atomsicherheit und Strahlenschutz der DDR (SAAS):

SAAS-246: Abschätzung der Strahlenbelastung von Bergarbeitern durch Radon und Radon-Folgeprodukte (*S. Przyborowski* — Assessment of Radiation Exposure to Miners due to Radon and Radon Daughters);

SAAS-248: Aufstellung eines Programms zur Direktmessung von Rn-Folgeprodukten in Gebäuden (*S. Przyborowski* — Design of an Program for Direct Measurement of Radon Daughters in Buildings).

Buchbesprechungen

Gammametrie des Meeresbodens bei der Suche nach Bodenschätzen

A. N. Schuzow. Moskau 1977. 168 S., 41 Abb., 33 Tab. (in Russisch); M 3,—; Rbl. 0,60

Die rezenten Meeressedimente entsprechen den Sedimenten in früheren Sedimentationsbecken und enthalten auch Informationen über die unter ihnen liegenden Schichten. Sie sind auch Quellen von mineralischen Rohstoffen: natürlichen und technogenen Seifen, starkmineralisierten Lösungen, Eisen-Mangan-Konkretionen usw. Die Gammametrie des Meeresbodens kann wertvolle Aussagen für die geologische Erkundung liefern. Mit Hilfe der Spektrometrie der natürlichen Gammastrahlung können die Elemente Kalium, Thorium und Uran nachgewiesen werden. Weitergehende Aussagen ermöglicht die Aktivierungsanalyse, wobei die Verwendung von solchen Neutronenquellen wie Californium-252 besonders hervorzuheben ist.

Die Darlegungen sind in die folgenden Abschnitte gegliedert: Theoretische Grundlagen; Meßgeräte, Methodik und Technik der Aufnahme des Gamma-Feldes des Meeresbodens und die Bearbeitung der Ergebnisse; Suche nach Antiklinal-Strukturen und Lösung von geologischen Aufgaben im Schelf; Suche nach rezenten küstennahen Seifen; Aussichten der Suche nach Phosphoriten und Eisen-Mangan-Konkretionen; Aussichten der Aktivierungsanalyse.

Fachleute der Erkundung des Meeresbodens und des wissenschaftlichen Gerätebaus werden das Buch mit Nutzen lesen.

K. H. Köhler

Strahlungsaktivierte Prozesse in Silizium

Autorenkollektiv. Taschkent: Izd.-Wo „Fan“ 1977. 163 S., 55 Abb., 1 Tab., (in Russ.); M 8,—; Rbl. 1,60

Gegenwärtig liegt auf dem Gebiet strahlungsaktivierter Prozesse in Halbleitern ein äußerst umfangreiches experimentelles Material vor, das mit den vielfältigsten Methoden (paramagnetische Elektronenresonanz, *Mößbauer*-Spektroskopie, elektrische und optische Methoden) erarbeitet wurde. Die Vielschichtigkeit der experimentellen Befunde führte zu zahlreichen, oft gegenseitig in zu losem Zusammenhang stehenden Modellvorstellungen. Es ist ein Verdienst der vorliegenden Monographie, die Systematik der strahlungsaktivierten Prozesse (strahlungsstimulierte Diffusion, Verdrängung von Fremdatomen auf Zwischengitterplätze, unter der Aktivierungsschwelle des reinen Materials ablaufende Defektbildungen und andere Prozesse) zu erhöhen. In die Darstellung werden die Wechselwirkungen zwischen Dosierung, Gitterdefekten und Strahlungsdefekten einbezogen. Der umrissene Themenkreis wird am Beispiel des für die Halbleiteranwendung so wichtigen Materials Silizium abgehandelt.

Dieses Buch wendet sich an Halbleiterphysiker und an Spezialisten, die an der Einführung physikalischer Effekte in die Halbleitertechnik arbeiten.

E. Hartmann

Atomphysik — eine Einführung

Th. Mayer-Kuckuk. Stuttgart: B. G. Teubner 1977. 233 S., 112 Abb., 6 Tab., 1 Spektraltafel; Broschur laminiert, DM 28,—

Bei der Vielzahl der bereits vorhandenen Lehrbücher über Atomphysik ist es für einen Autor wohl immer eine schwierige Aufgabe, mit einem neuen Werk auf diesem Gebiet zu einer echten Bereicherung beizutragen. *Th. Mayer-Kuckuk* ist diesem Wagnis vor allem in didaktischer Hinsicht gerecht geworden, obwohl er in seinem Buch nur die klassischen Probleme der Atom- und Quantenphysik behandelt. Hierzu gehören: Teilchen und Wellen, das Wasserstoffatom, Magnetfeld und Spin des Elektrons, die Wasserstoffspektren, die Emission von Lichtquanten, identische Teilchen, Mehrelektronenatome, die Wechselwirkung der Elektronenhülle mit magnetischen und elektrischen Feldern sowie kohärente und inkohärente Strahlungsquellen. Bei der Erörterung dieser Problemkreise ist es dem Autor gelungen, gerade für die moderne Physik wichtige Begriffe in ungewöhnlich klarer und prägnanter Weise zu definieren. Das Buch vermittelt deshalb auf knappem Raum einen wirklich guten Überblick über die fundamentalen Erscheinungen der Atomphysik und die wesentlichsten Phänomene der Quantenmechanik. Dem von Verlag und Verfasser konzipierten Zweck, für den Lernenden als Einführung in die theoretischen und experimentellen Grundlagen dieses Gebietes zu dienen, dürfte es damit voll gerecht werden.

D. Pabst

Stöße von Elektronen mit Atomen und Molekülen

G. F. Drukarjev. Moskau: Nauka 1978. 255 S., 118 Abb. (in Russisch). M 9,—; Rbl. 1,80

Das Buch von *G. F. Drukarjev* ist ein kurzer systematischer Abriß des gegenwärtigen, durch Experimente gesicherten Standes der Theorie der Stöße von Elektronen mit Atomen und Molekülen. Ausgehend von einer allgemeinen Beschreibung der beim Elektronenstoß möglichen Wechselwirkungsprozesse werden elastische Streuung (einschließlich Polarisationserscheinungen), Anregung und Ionisation von Atomen, Anregung von Rotationen und Schwingungen einfacher diatomarer Moleküle und verschiedene Arten der Dissoziation von Molekülen durch Elektronen behandelt. Dabei werden sowohl die theoretischen Grundlagen als auch die Anwendung einiger gebräuchlicher Methoden zur Berechnung von Querschnitten der genannten Prozesse dargelegt. Besondere Aufmerksamkeit widmet der Autor den konkreten Ergebnissen der Theorie. Ein aktuelles Verzeichnis von 160 Literaturstellen, das Original- und zusammenfassende Arbeiten über Ergebnisse von Berechnungen und Messungen von Wechselwirkungsquerschnitten enthält, ermöglicht ein vertieftes Studium dieses Arbeitsgebietes.

Das Buch ist vor allem für Leser von Interesse, die bei ihrer Arbeit Wechselwirkungsquerschnitte des Elektronenstoßes benötigen und sich deshalb systematisch über den gegenwärtigen Stand der Theorie, ihre Genauigkeit und Anwendungsmöglichkeiten informieren müssen. Der Leserkreis wird folglich aus Wissenschaftlern und Studenten höherer Semester bestehen, die auf dem Gebiet der Plasmaphysik, deren zahlreichen Nebengebieten und Anwendungen, der Quantenelektronik, der Physik der Atmosphäre, der Radiometrie, der Strahlenphysik und -chemie arbeiten.

H.-J. Große

Isotopes in Organic Chemistry, Vol. 4. Tritium in Organic Chemistry

E. Buncel, C. C. Lee (Hrsg.). Elsevier Scientific Publishing Company, Amsterdam — Oxford — New York 1978, 299 S., 40 Abb., 36 Schemata div. Tab., Leinen US 66,75; Dfl. 150,00

In gleicher Qualität und Solidität erschien nunmehr der 4. Band in der Reihe „Isotope in der organischen Chemie"; vor Jahresfrist wurde an gleicher Stelle über den 3. Band berichtet (Isotopenpraxis 14 (1978) 39). Auch dieser Band zerfällt in einzelne, voneinander unabhängige Kapitel, nämlich in:

^{3}H-NMR-Spektroskopie (49 S., 65 Zitate), Verwendung von D und T bei der photochemisch elektrophil-aromatischen Substitution (33 S., 54 Zitate), Reaktionen der energiereichen T-Atome mit organischen Verbindungen (91 S., 292 Zitate) und stereospezifische Synthesen von T-markierten organischen Verbindungen unter Verwendung chemischer und biologischer Methoden (117 S., 623 Zitate). Die Literatur wurde teilweise bis einschließlich 1977 berücksichtigt.

Während das 1. Kapitel mehr die analytischen Aspekte des Tritiums beinhaltet, steht in den folgenden drei Kapiteln mehr der synthetische und reaktionsmechanistische Aspekt im Vordergrund. An sorgfältig ausgewählten Beipsielen werden der große Vorteil der ^{3}H-NMR-Spektroskopie (erst ab 1968 meßtechnisch überhaupt beherrschbar) dargestellt und die Vor- und Nachteile der Methode kritisch betrachtet, beispielsweise wenn Probleme der radiolytischen Instabilitäten der zu untersuchenden Verbindungen auftreten. Im 2. Kapitel über die photochemischen Methoden wird deutlich gemacht, daß sie ganz einfach zu den bewährten Synthesen eindeutig D- oder T-markierter Verbindungen gehören und somit das Arsenal des Synthesechemikers beträchtlich erweitern. Die Reaktionsmechanismen von „heißen" T-Atomen mit organischen Verbindungen werden ausführlich vorgestellt und einschließlich der dabei auftretenden reaktiven Isotopieeffekte diskutiert. Den größten Raum nimmt das 4. Kapitel ein, die stereospezifischen Synthesen von T-markierten Verbindungen. Dies ist nicht nur eine bemerkenswerte Fleißarbeit des Autors (*D. W. Joung-Brighton*, Sussex), der über 600 Literaturstellen kritisch verarbeitet hat, sondern besitzt größte Bedeutung für die künftigen Anwendungen T-markierter Verbindungen in der Biochemie und Molekularbiologie, auf den Arbeitsgebieten also, die ohne Stereospezifität nicht auskommen. Daß neben der synthetischen Bereitstellung der markierten Verbindungen auch gleichzeitig die bio-organischen Reaktionsmechanismen aufgeklärt wurden, ist an vielen Beispielen überzeugend gezeigt worden.

Alles in allem eine klare und moderne Darstellung der Vielfalt an Anwendungsmöglichkeiten des Tritiums in der organischen Chemie und Biochemie. Auch der 4. Band der Reihe ist den Wissenschaftlern dieser Arbeitsgebiete sehr zu empfehlen.

H. Hübner

Nuklearmedizin — kurz und bündig

K. Hennig, P. Woller. Jena VEB Gustav Fischer Verlag: 1978. 180 S., 66 Abb., 2 Tab.; brosch. M 10,—

Diese kurze Einführung in die Nuklearmedizin ist innerhalb weniger Jahre nunmehr bereits in der dritten Auflage erschienen (1. und 2. Auflage 1974 bzw. 1975 im Verlag Th. Steinkopff, Dresden) — ein Beweis für das große Interesse, das diese didaktisch gut aufgebaute und sehr übersichtlich gegliederte Schrift gefunden hat.

Auf den rund 170 Seiten erhält der Leser einen repräsentativen, auf das Wesentliche beschränkten Überblick über nuklearmedizinische Methoden und Verfahren. In den einzelnen Hauptkapiteln werden behandelt: physikalisch-technische Grundlagen, Nuklearpharmaka, nuklearmedizinische Methoden, elektronische Datenverarbeitung in der Nuklearmedizin, nuklearmedizinische Diagnostik einzelner Organe, nuklearmedizinische Therapie, Strahlenschutz. Tabellen über physikalische Daten wichtiger Radionuklide und über Strahlenbelastungen bei nuklearmedizinischen Untersuchungen sowie ein Verzeichnis weiterführender Literatur und ein Sachregister vervollständigen das Buch. Gegenüber der 2. Auflage wurde eine Reihe von Ergänzungen vorgenommen, vor allem auf den Gebieten EDV in der Nuklearmedizin, Tumordiagnostik und Sequenzszintigraphie. Außerdem werden die mit der Radioaktivität zusammenhängenden Größen (Aktivität; Energie-, Expositions- und Äquivalenzdosis; Dosisleistung und Dosiskonstante) sowohl in den bisher üblichen als auch in den SI-Einheiten angegeben, wobei die Umrechnung an Beispielen erläutert wird.

Es ist zu erwarten, daß auch die 3. Auflage von „Nuklearmedizin — kurz und bündig" guten Anklang bei der interessierten Leserschaft findet.

K. Uhlig

Physik für Mediziner, Biologen, Pharmazeuten

Trautwein, Kreibig, Oberhausen. 2. überarbeitete Aufl. Berlin — New York: de Gruyter 1978. XIV/576 S., 353 Abb.,; Plast. flex. M 38,—

Das Buch wendet sich, nach Angaben der Autoren, an Studenten und soll ein Zusammentragen des Wissens- und Prüfungsstoffes aus verschiedenen Quellen entbehrlich machen.

Über knapp 600 Seiten wird in straffer Form das gesamte Gebiet der Physik abgehandelt. Die inhaltliche Gliederung ist übersichtlich, jedoch erfolgt eine Wichtung der einzelnen Kapitel nicht in der erwarteten Weise. So wird z. B. das Gebiet der Optik über 124 Seiten behandelt, während dem für Biologen und Mediziner mindestens ebenso wichtigen Gebiet der ionisierenden Strahlung nur 48 Seiten gewidmet werden; dabei umfaßt die Dosimetrie $3^1/_2$ Seiten und davon $^1/_4$ Seite der Strahlenschutz. Die Kapitel zur Elektrizitätslehre vermitteln die wesentlichen Grundlagen, es wird aber auf die Erwähnung moderner Bauelemente, wie z. B. opto-elektronische Bauelemente, integrierte Schaltkreise oder andere diskrete Bauelemente, wie Tyristoren, Zenerdioden, Anzeigeelemente usf. verzichtet. Dem Fachgebiet Elektronik, wie auch den Gebieten Relativitätstheorie und Quantenphysik sind keine gesonderten Kapitel gewidmet; Hinweise auf Zusammenhänge zu diesen Gebieten finden sich in den einzelnen Kapiteln der behandelten Fachgebiete.

Moderne Geräte oder Verfahren, die in der klinischen Diagnostik, Therapie oder der medizinisch-biologischen Forschung eingesetzt werden, wie z. B. Computertomographie, Thermographie, Flüssigkeits-Szintillationsspektrometrie, Szintillationskamera (Szintillationszähler mit Ortungselektronik ist eine ungenügende Erwähnung), Herzschrittmacher usw. werden leider nicht genannt.

Im Anhang wird auf Fehlerabschätzungen und — leider nur sehr kurz — Signifikanztests eingegangen.

Das Sachwortverzeichnis ist umfangreich. Auf einen Literaturnachweis wurde verzichtet. Bei der Behandlung der physikalischen Einheiten wurde auf die SI-Einheiten Bezug genommen. Die zahlreichen Strichzeichnungen sind übersichtlich, informativ und von guter Qualität, was sich von einigen fotographischen Wiedergaben nicht sagen läßt.

Da das Buch lehrplanorientiert ist und durch eine Aufgabensammlung ergänzt werden soll, kann es einem diskreten Studentenkreis sehr nützlich sein, jedoch zur allgemeinen Nutzung für Studierende und zum Nachschlagen für physikalisch interessierte Ärzte, Biologen oder Pharmazeuten (siehe Buchtitel) wäre die stärkere Berücksichtigung moderner physikalisch-technischer Verfahren, Geräte und Tendenzen in Medizin, Biologie und Pharmazie sehr wünschenswert.

G. Nauber

Physik für Mediziner und Naturwissenschaftler

H. Breuer; Stuttgart: Thieme-Verlag 1978. 531 S., 435 Abb., 52 Tab.; DM 19.80

Das Buch wendet sich insbesondere an Studenten der Medizin, der Biologie und der Pharmazie. Der vom Institut für medizinische und pharmazeutische Prüfungsfragen zur Vorbereitung auf die Prüfung in Physik herausgegebene Gegenstandskatalog ist aber auch ganz allgemein von großem Wert.

Hervorzuheben ist die in jedem Kapitel konsequent hergestellte Beziehung zwischen den physikalischen Erscheinungen und der belebten Natur. Dabei ist auf eine kurze und klare Darstellung des Sachverhaltes Wert gelegt worden. Besondere Unterstützung erhält die verbale Beschreibung durch übersichtliche Skizzen und Diagramme. Einzelne Kapitel werden am Schluß noch einmal durch ein Flußdiagramm zusammengefaßt das die Umwandlungen, Verknüpfungen und Zusammenhänge der besprochenen physikalischen Größen anschaulich darstellt.

Die Kapitel sind klar gegliedert, wobei der übliche Aufbau eines Lehrbuches der Physik verlassen wird; für den angesprochenen Leserkreis sicherlich zum Vorteil.

Bei der Besprechung der Einheiten wird auf das Internationale Einheitensystem (SI) Bezug genommen, wobei nicht versäumt wird, auf früher gebräuchliche Einheiten hinzuweisen, wie sie in älteren Lehrbüchern zu finden sind.

Das Kapitel über graphische Darstellungen in Koordinatensystemen und Flußdiagrammen gleich am Anfang des Buches sowie die im 2. Kapitel über Messungen, Zeit und Länge eingefügten Betrachtungen zur Fehlerrechnung, Statistik, Regression und Korrelation, wie auch das Kapitel 17 über Informationssuche im Anhang des Buches, enthalten wertvolle Hinweise, die sowohl dem Studierenden als auch dem approbierten Wissenschaftler von praktischem Nutzen sind. Zu kurz kommen — und darauf wird vom Autor auch hingewiesen — mathematische Ableitungen; sie sind für den erwähnten Studentenkreis nicht unbedingt erforderlich und würden den Rahmen des Taschenbuches sprengen; Weiterführendes findet der interessierte Leser in der entsprechenden Literatur. Das Sachwortverzeichnis enthält alle wesentliche Begriffe, die in den einzelnen Kapiteln behandelt werden.

Der Autor nennt die Probleme, die mit einer kurzgefaßten Darstellung des Fachgebietes Physik verbunden sind. Deshalb kann das Buch nicht auf alle technischen Entwicklungen detailliert eingehen, die neuerdings oder auch seit einigen Jahren erfolgreich in der Medizin eingesetzt werden. Wenn auch eine umfassende Beschreibung zu aufwendig ist, wäre es trotzdem empfehlenswert, einige Verfahren sowie die dazugehörigen Geräte und Materialien mit kurzen Worten zu erläutern bzw. kurze Literaturhinweise zu geben. Dazu einige Beispiele ohne Wichtung der Reihenfolge:

Szintigraphie: Szintiscanner, Szintillationskamera, Emissions-Computer-Tomograph, Spektrometrie radioaktiver Substanzen;

Röntgentechnik: Transaxial-Computer-Tomographie, Hochspannungserzeugung, Verstärkerfolien;

Strahlentherapie — Teilchenerzeugung: Linearbeschleuniger, Betatron, Zyklotron;

Weiterhin: Massenspektrometrie, Anwendung von Flüssigkristallen, Holographie, Mikrowellentechnik, Kryotechnik.

Im Kapitel 13 — Elektrodynamik und Stromkreise — wäre eine kurze Beschreibung des Begriffes „Halbleiter" und die Erwähnung von Halbleiterbauelementen (integrierte Schaltkreise, Dioden, Zenerdioden usw.) einschließlich ihrer Einsatzgebiete sicher nützlich.

Die Aufnahme des Kapitels 14 — Informationstheorie und Kybernetik — ist sehr zu begrüßen.

Über den Strahlenschutz wird im Kapitel 15 zwar Wesentliches gesagt, trotzdem hätten hier Hinweise zur Toleranzdosis, zu offenen und geschlossenen Strahlenquellen, Arten der Kontamination, maximal zulässigen Konzentrationen von radioaktiven Substanzen usw. das Kapitel entscheidend bereichert.

Leider wurde im Kapitel 16 — Atom- und Kernphysik — auf den gerade bei der therapeutischen Anwendung von Radionukliden wichtigen Begriff der effektiven Halbwertszeit nicht eingegangen. Eine zusammenfassende Darstellung der bisher bekannten Elementarteilchen wäre wünschenswert.

Insgesamt gesehen ist das vorliegende Buch sehr nützlich, sowohl für den Studenten als Hilfe zur Prüfungsvorbereitung, als auch für den ausgebildeten Naturwissenschaftler, der Vergessenes wieder auffrischen und Anregungen zur Vertiefung seines Wissens finden möchte.

G. Nauber

Principles of Field Ionization and Field Desorption Mass Spectrometry

H. C. Beckey; Pergamon Press Oxford, Toronto, Sydney, Paris, Frankfurt/M. 1977, 348 S., 144 Abb.; $ 35,—; £ 19.50

Die Feldionisations (FI)- und Felddesorptionstechnik (FD) haben auf dem Gebiet der massenspektrometrischen Strukturanalyse sowie der Aufklärung physikalisch-chemischer Vorgänge in den letzten Jahren eine weite Verbreitung gefunden. Sie gehören ebenso wie die chemische Ionisation zu den sogenannten „sanften" Ionisationsmethoden, die der Massenspektrometrie ergänzend zur Elektronenstoßionisation einen hohen Erkenntniswert vermittelt haben.

Das vorliegende Buch ist eine ergänzte und um die Felddesorptionstechnik erweiterte Monographie der 1971 vom gleichen Autor mit dem Titel „Field Ionization Mass Spectrometry" verfaßten.

Einleitend wird die Theorie der FI und FD dargelegt, wobei der heutige Erkenntnisstand über die ablaufenden, sehr komplexen Vorgänge klar umrissen wird. Detailliert beschäftigt sich der Verfasser in den folgenden Kapiteln mit der technischen Gestaltung von FI- und FD-Quellen sowie den notwendigen elektronenoptischen Linsensystemen, die wegen des relativ großen Austrittswinkels der Ionen verhältnismäßig kompliziert sind. Auf Grund des vergleichsweise breiten Energiespektrums der mit diesen Quellen entstehenden Ionen wird mit einfachfokussierenden Massenspektrometern — je nach Form und Art der Quellenkonstruktion — nur ein Auflösungsvermögen von 300 bis 600 erreicht. Mit doppelfokussierenden Instrumenten ist das erreichbare Auflösungsvermögen nur wenig schlechter als bei der Verwendung von Elektronenstoßionenquellen. Breiten Raum gibt der Verfasser der Darstellung von praktischen Ergebnissen dieser Techniken, so daß jeder, der sich mit deren Möglichkeiten vertraut machen will, ein umfassendes Bild erhält. Die klare Gliederung und gut erfaßbare Darstellung machen dieses Buch zu einem Handbuch, das auch für Physiker und Chemiker, die nicht unmittelbar auf diesem Gebiet arbeiten, gut verständlich ist. Ein etwas umfassenderes Stichwortverzeichnis käme jenem Interessentenkreis entgegen, der sich schnell über einige spezielle Dinge informieren möchte.

H. Gerstenberger

The 30 – 60 mg dry plant samples were heated under 10^{-2} mm Hg vacuum in Pyrex ampoules to form carbon dioxide ($C^{16}O^{18}O$) for ^{18}O mass spectrometric analyses. Potassium phosphate labelled with 1·36 ^{18}O atom per cent is sufficient to obtain a significant increase of the ^{18}O plant content, the added ^{18}O quantity in 0·5 kg soil being $1{\cdot}4 \times 10^{-2}$ g ^{18}O in this case.

M. Salmi, I. Allegrini

Air Pollution Measurements by Means of a Beta Gauge (*in English*)

Isotopenpraxis **15** (1979) No. 10, p. 314 to 316
3 Fig., 1 Tab., 5 Ref.

In this paper an evaluation about the performance of a beta gauge for air pollution monitoring developed by the authors has been worked out. The apparatus is quite interesting for airborne particulate measurements, and it seems to be useful in several other applications in the field of environmental sciences.

R. Bocian, St. Magas, E. Wall

The Construction of an Apparatus for the Evaluation of Abrasive Properties of Dentrifice Using Radioisotopes (*in English*)

Isotopenpraxis **15** (1979) No. 10, p. 316 to 317
2 Fig., – Tab., 3 Ref.

Construction of an original apparatus (brushing machine) designed to test the abrasiveness of dentrifice is described. The principle of the procedure employed consists in neutron activation of a human tooth subsequently brushed with dentrifice under study in standard conditions. The radioactivity level of the dentrifice indicates the relative degree of its abrasive properties.
The design of the apparatus meets the radiation safety requirements. Its working parameters crucial to the wearing process (i.e. the pressure applied to the tooth specimen, the total number, frequency and amplitude of the brushing strokes) can be programmed precisely.

J. Toelgyessy, P. Dillinger, T. Dillingerová

Radioactive Amalgam Cryptonates III.

Analysis of Aqueous Solutions with the Aid of Radioactive Amalgam Cryptonates (*in Russian*)

Isotopenpraxis **15** (1979) No. 10, p. 318 to 319
2 Fig., – Tab., 10 Ref.

The radioactive cryptonate of cadmium amalgam was used as a reagent when applying radiorelease methods. Redox titration used for the determination of ascorbic acid as well as the determination of the concentration solutions using the calibration-curve method are considered.

Letters to the Editor

K. Mauersberger

On Emission-Spectrometric ^{15}N Analysis Using the NOI-5 Apparatus

Isotopenpraxis **15** (1979) No. 10, p. 320 to 321
1 Fig., – Tab., 8 Ref.

S. Noll, K.-H. Heise

Pure-State Preparation of Pyrimidine Derivatives Labelled with Tritium III. Production of 5-Bromo[6-^3H]Uracile and [6-^3H]-Uracile

Isotopenpraxis **15** (1979) No. 10, p. 321 to 322
– Fig., 3 Tab., 4 Ref.

P. Dillinger, J. Toelgyessy, T. Dillingerová

Radioactive Amalgam Cryptonates II.

Investigation of the Properties of Radioactive Cadmium Amalgam Cryptonate (*in Russian*)

Isotopenpraxis **15** (1979) No. 10, p. 322 to 326
14 Fig., – Tab., 1 Ref.

фосфора в виде ^{32}P. В ампулях Пирекс под вакуумом 10^{-2} мм ртутного столба нагревались сухие пробы растений весом от 30 до 60 *мг* с тем, чтобы получить двуокись углерода ($C^{16}O^{18}O$) для масс-спектрометрического анализа ^{18}O. Меченый 1,36 атомным % ^{18}O фосфат калия оказался достаточным для достижения существенного повышения содержания ^{18}O в растении. В данном случае присадка ^{18}O составляла $1{,}4 \cdot 10^{-2}$ *г* на 0,5 *кг* почвы.

М. Сальми, И. Аллергини

Измерение загрязнения воздуха с помощью прибора для определения бета-излучения (*на англ. языке*)

Isotopenpraxis **15** (1979) вып. 10, стр. 314 до 316
3 рис., 1 табл., 4 лит.

В настоящей работе проводится оценка эффективности разработанного авторами прибора для измерения бета-излучения, используемого для контроля загрязнения воздуха. Аппаратура довольно интересна в отношении определения частиц с самолета. Помимо этого, ее очевидно можно также использовать для других целей в области исследования окружающей среды.

Р. Боцян, С. Магас, З. Валь

Конструкция аппарата к исследованиям изнашивающих свойств зубных паст радиоизотопным методом (*на англ. языке*)

Isotopenpraxis **15** (1979) вып. 10, стр. 316 до 317
2 рис., – табл., 3 лит.

Описана новая конструкция аппарата для исследования свойств изнашивания зубной пасты. Принцип метода основывается на нейтронной активации человеческого зуба с последующей чисткой щеткой с использованием пасты в стандартных условиях. Степень радиоактивности пасты составляет относительную меру ее изнашивающих свойств.
Конструкция аппарата удовлетворяет условиям радиологической защиты и позволяет на точное программирование существенных параметров процесса изношения (сила нажима, количество и частота циклов, амплитуда колебаний).

Ю. Тельдеши, П. Диллингер, Т. Диллингерова

Радиоактивные криптонаты амальгам III.

Анализ водных растворов с использованием радиоактивных криптонатов амальгам (*на русск. языке*)

Isotopenpraxis **15** (1979) вып. 10, стр. 318 до 319
2 рис., – табл., 10 лит.

Радиоактивный криптонат амальгам кадмия использовался в качестве „реагента" в радио-релиз методах. Приводится окислительно-восстановительное титрационное определение аскорбиновой кислоты титрованным раствором и определение концентрации растворов методом калибровочной кривой.

Письма в редакцию

К. Мауерсбергер

Об эмиссионно-спектрометрическом анализе ^{15}N с помошью прибора типа НОИ-5

Isotopenpraxis **15** (1979) вып. 10, стр. 320 до 321
1 рис., – табл., 8 лит.

С. Нолл, К.-Х. Хайзе

Получение в чистом виде меченых тритием производных пиримидина Часть 3: Получение 5-бром [6-^3H]-урацила и [6-^3H]урацила

Isotopenpraxis **15** (1979) вып. 10, стр. 321 до 322
– рис., 3 табл., 4 лит.

Диллингер П., Тельдеши, Ю., Диллингерова Т.

Радиоактивные криптонаты амальгам II.

Изучение свойств радиоактивного криптоната амальгамы кадмия (*на русск. языке*)

Isotopenpraxis **15** (1979) вып. 10, стр. 322 до 326
14 рис., – табл., 1 лит.

Bei Fragen zur Produktsicherheit wenden Sie sich bitte an:
If you have any questions regarding product safety,
please contact:

Walter de Gruyter GmbH
Genthiner Straße 13
10785 Berlin
productsafety@degruyterbrill.com